目　录

Graceful

雅致的夏季黑白配　2

Elegant

优雅的浮雕花样编织　10

Stylish casual

独特线材的简约之美　16

Feminine

具有女人魅力的镂空花样　26

Graceful

雅致的夏季黑白配

夏季的黑白配，纯净优美的镂空花样是绝对的主打

Graceful

一字领半袖套头衫

从下摆到领口的分散减针
使轮廓线和编织花样
变得更加优美。
下摆的荷叶边也十分优雅。
使用线 / 钻石线 MSY
编织方法 / 39 页

2

铃兰花无袖套头衫

这是一款静谧感十足的清爽套头衫。衣领与下摆的边缘编织与身片上富有表现力的镂空网眼使用了同样的编织技法。

使用线 / 钻石线 MS

编织方法 / 42 页

锦上添花的装饰领

这款使用花朵花片和串珠工艺制成的装饰领，
与作品 2 铃兰花无袖套头衫
搭配出了优雅华丽的感觉。
还可单独作为装饰领来改变其他服装的效果。
使用线 / 钻石线 MS
编织方法 / 44 页

4

蕾丝半袖开衫

下摆的花片是这件作品的一大亮点。
夏日里黑色与洁白色配在一起
给人清凉的感觉。
如果黑色和黑色搭在一起
又是另一种高贵的气质。
使用线 / 钻石线 MSC
编织方法 / 48 页

5 *Graceful*

青果领六分袖开衫

小巧的领口使青春洋溢，
华丽的组合花样
是手工编织独有的妙味。
使用线 / 钻石线 MSL
编织方法 / 52 页

6 *Graceful*

法式蕾丝套头衫

这件作品的领口、下摆的荷叶边
十分漂亮。
黑色内搭凸显出蕾丝的特点，
流露出成熟之美。
如果与同色系的原色搭配也十分清爽，
还可以与不同的衣服搭配出不同的韵味。
使用线 / 钻石线 MSC
编织方法 /45 页

Elegant

优雅的浮雕花样编织

镂空花样与浮雕花样组合而成的构图花样
展现了手工编织服装的独有魅力

7

Elegant

蕾丝一字领法式套头衫

浮雕花样的荷叶边是本作品的点睛之笔。
这种优美的样式也被称之为艺术编织(Kunst stricken),是棒针编织的蕾丝花片。
使用线 / 钻石线 MSY
编织方法 / 58 页

8
Elegant

中式领半袖套头衫

绝美的图案式花样，
自然优雅的米色
适合各种年龄和气质的人，
这是它广受欢迎的一大优点。
使用线 / 钻石线 MS
编织方法 / 64 页

9

Elegant

单颗纽扣半袖开衫

边缘编织使用了
罗纹针的浮雕花样，
下针编织的包扣是本作品的亮点。
有了这一件外搭，
外出时可以派上大用场。
使用线 / 钻石线 MSN
编织方法 / 61 页

10

Elegant

法式袖无扣短外搭

这件作品的饰边与镂空花样结合得
十分完美。
即便是在夏日
看起来也十分清爽。
使用线 / 钻石线 PE
编织方法 / 75 页

Stylish

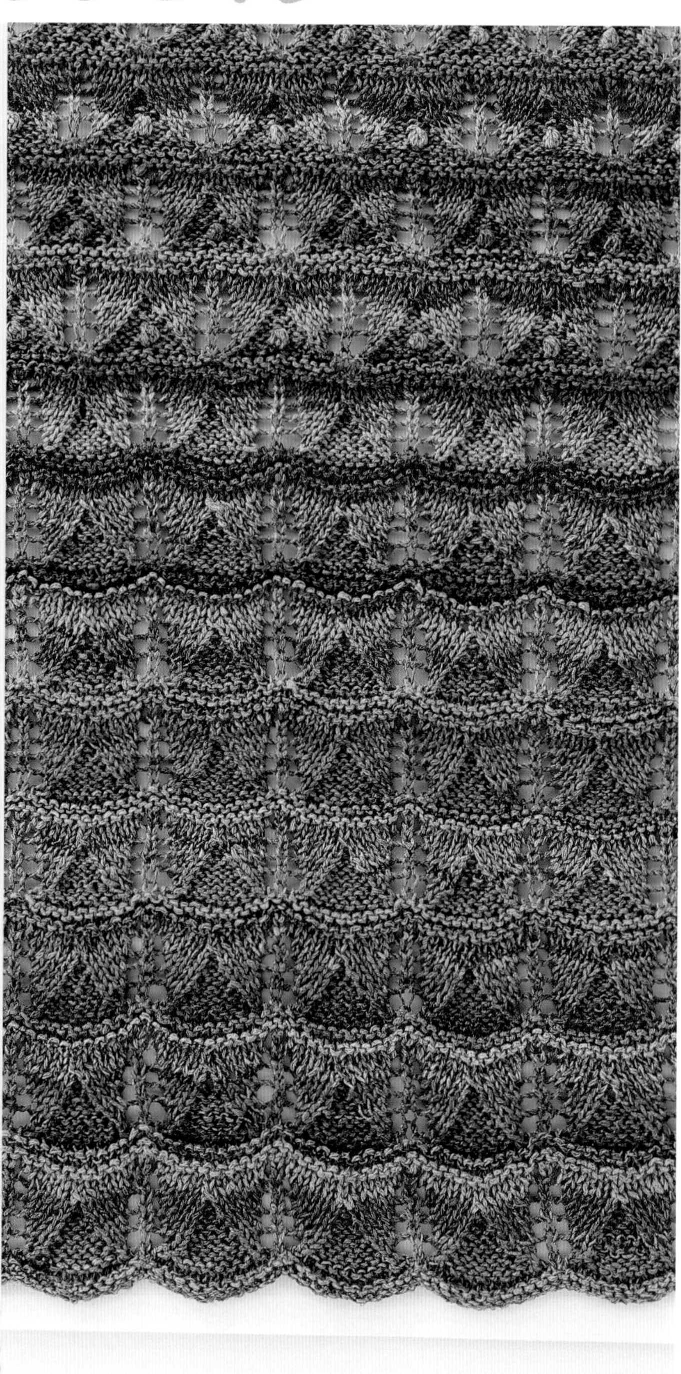

独特线材的简约之美

使用段染线钩编出的镂空花样，表现力十分强，可以体验搭配出不同感觉的乐趣

casual

H

Stylish casual

法式连袖套头衫

胸前与边缘编织的小小泡泡针
十分可爱，
使用长距离的段染线，
可以非常容易地钩编出条纹图案！
这款作品的最大特点是
无论与休闲服装还是与优雅的服装
都能成功搭配在一起。
使用线 / 钻石线 VI
编织方法 / 68 页

12

Stylish casual

前后两穿V领套头衫

这是一款前浅 V 领、后深 V 领
的正反面不同风格的套头衫。
与背心搭配也能穿出不同的感觉。
使用线 / 钻石线 MSP
编织方法 / 70 页

13

Stylish casual

长方形等针直编马甲

这是一款可自由搭配的马甲。
如果上下颠倒着穿的话，
褶边就会堆在一起，
穿出胸前有装饰的马甲的感觉
也不错哦。
使用线 / 钻石线 PT
编织方法 / 72 页

14

Stylish casual

可爱绳结的前开马甲

使用适度混合感的段染线
编织出简单的下针和网格针，
更能展现出段染线
层次变化的效果。
使用线 / 钻石线 CSN
编织方法 / 81 页

15

Stylish casual

横编镂空花样法式套头衫

段染线自然形成的纵向条纹，
层次突出的镂空花样使风格不同一般。
横向编织却编织出了纵向的条纹，
如同彩色粉笔的渐变色非常有趣。
使用线 / 钻石线 TA
编织方法 / 84 页

16

Stylish casual

混合技法的收腰长款背心

这款用棒针和钩针完成的背心，
在下胸围处表现了技法变化，
通过钩针编织的分散加针
钩编出了A型款。
可以根据当天的心情
来选择搭配的衣服。
使用线 / 钻石线 MSG
编织方法 / 78 页

Feminine

具有女人魅力的镂空花样

让穿着优雅的编织的人更具女人味，成为时尚的风景线

17

Feminine

修身六分袖套头衫

这件衣服整体都选取了树叶花样，
腰部是横编的一个花样的宽度，
袖口是横编的半个花样的宽度。
这是只有手编才能实现的
自由的花样布局。
使用线 / 钻石线 CM
编织方法 / 86 页

18

Feminine

优美的带袖披肩

铃兰花样的三角形边缘编织很时尚。
后背的花样也是一大亮点。
这是女人衣柜中不可或缺的一款外搭。
使用线 / 钻石线 KT
编织方法 / 92 页

19

浮雕花样圆育克套头衫

纤细的金银丝线提升了衣服的美感。
下摆的花样一直连到衣领
营造出更显苗条的视觉效果。
育克部分通过分散减针让花样显得
既美丽又富有变化。
使用线 / 钻石线 MSL
编织方法 / 89 页

20

Feminine

典雅的蕾丝披肩

这款如丝绸般富有光泽的
典雅披肩，在正式的场合，
可以变身为美丽的披肩。
不时髦也成为了优点，
是非常珍贵的一款。
使用线 / 钻石线 KK
编织方法 / 94 页

本书用线一览

〈实物大小〉

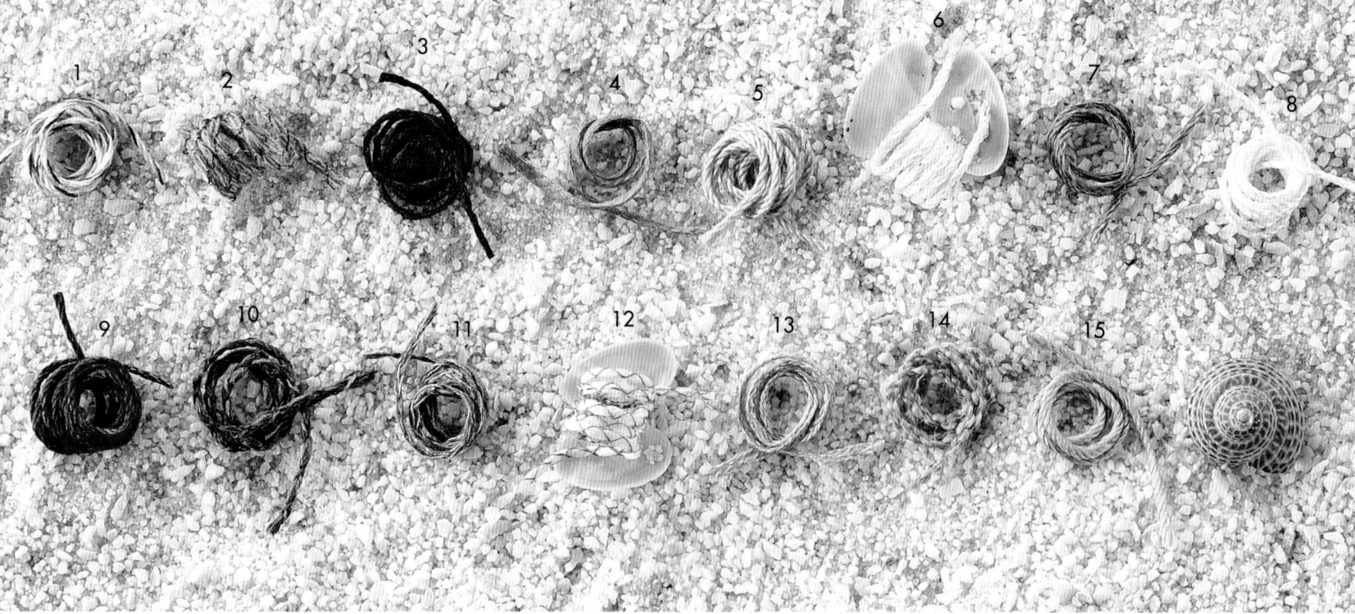

	钻石线略号	成分	色号	规格	线长	粗细	使用棒针的号数（钩针的号数）	下针编织标准密度	特点
1	MSG	棉 71%（MASTER SEED）腈纶 29%	10	30g/团	约106m	粗	4～5号 （3/0～4/0号）	25～27针 32～34行	优质棉，MASTER SEED系列中的漂亮的渐变类型。
2	VI	棉41%　腈纶44%　涤纶15%	10	30g/团	约116m	粗	5～6号 （4/0～5/0号）	24～26针 31～33行	大胆的颜色变化配以双色的金银丝线，它的色彩能够给人留下深刻的印象。
3	PE	棉36%　和纸27%　粘纤17% 锦纶20%	8	25g/团	约110m	粗	6～8号 （4/0～5/0号）	20～22针 28～30行	富有自然的韵味，使用了和纸，是一款非常有特色的夏日编织线。
4	MSY	棉 100%（MASTER SEED）	14	30g/团	约106m	粗	5～6号 （4/0～5/0号）	23～24针 32～34行	柔软并且带有美丽光泽的MASTER SEED棉人造丝线。
5	MS	棉 100%（MASTER SEED）	22	30g/团	约106m	粗	4～5号 （3/0～4/0号）	25～27针 34～36行	使用了高级棉MASTER SEED，是柔软而又富有光泽的直线毛。
6	MSL	棉 98%（MASTER SEED）　涤纶 2%	14	30g/团	约102m	粗	4～5号 （3/0～4/0号）	25～26针 33～35行	优质的MASTER SEED棉配以银色丝线的光辉，是上等的夏日编织线。
7	MSN	棉 56%（MASTER SEED）　麻 44%	14	30g/团	约96m	粗	5～6号 （4/0～5/0号）	22～24针 29～31行	MASTER SEED棉的柔软加上麻的弹性，给人以清凉的感觉，是便于编织的直线毛。
8	MSC	棉 100%（MASTER SEED）	14	30g/团	约142m	细	（2/0～3/0号）	36～38针 49～51行	使用了高级棉MASTER SEED的钩编专用线。
9	MSP	棉 100%（MASTER SEED）	16	30g/团	约106m	粗	4～5号 （3/0～4/0号）	25～27针 34～36行	使用了MASTER SEED棉，随机循环（螺距）的混合颜色的优质夏日编织线。
10	CSN	粘纤70%　腈纶30%	20	40g/团	约136m	粗	5～6号 （5/0～6/0号）	22～23针 28～30行	长长的色彩变化给人以深刻的印象，是一款十分有光泽的花式毛线。
11	PT	棉40%　腈纶56%　锦纶4%	15	30g/团	约106m	粗	5～6号 （4/0～5/0号）	24～25针 32～34行	多彩的变化演绎出富有个性的表情，是一款彩色花式毛线。
12	CM	棉79%　腈纶18%　锦纶3%	9	25g/团	约97m	粗	4～6号 （4/0～5/0号）	23～24针 31～33行	纤细的金银丝线可以编织出既漂亮又轻柔的夏日编织。
13	KT	丝16%　棉54%　粘纤30%	11	30g/团	约137m	粗	5～6号 （4/0～5/0号）	24～26针 30～32行	拥有美丽光泽的丝绸混合带状线。分量轻、有恰到好处的弹性和柔软的手感。
14	TA	麻34%　虎木棉50%　锦纶16%	13	40g/团	约128m	粗	4～5号 （4/0～5/0号）	24～25针 31～32行	麻的手感加上美丽的光泽，是一款非常有个性的毛线。
15	KK	丝100%	10	30g/团	约110m	粗	4～5号 （3/0～4/0号）	26～28针 33～35行	具有丝绸独特的感觉，是带有美丽光泽的高级丝线。

How to Make
作品的编织方法

编织符号与技法索引（按照页码的顺序）

技法

棒针编织&钩针编织

Technique Guide

棒针编织

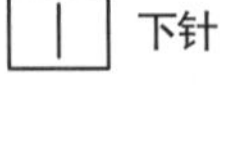

下针

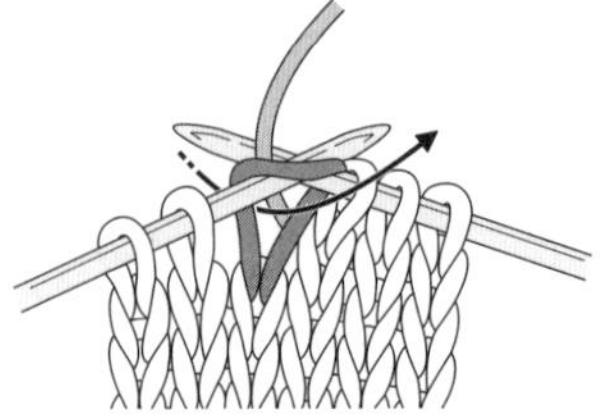

线留在外侧，右针从针目内侧插入。在右针上挂线，按箭头所示用右针将线拉出。

上针

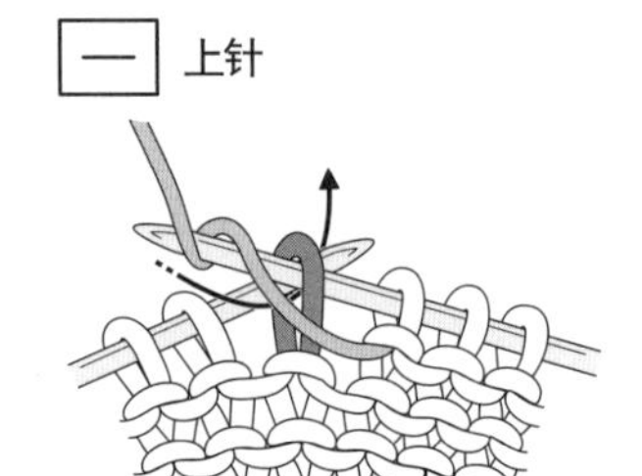

线留在内侧，右针从针目外侧插入。在右针上挂线，按箭头所示用右针将线拉出。

扭针

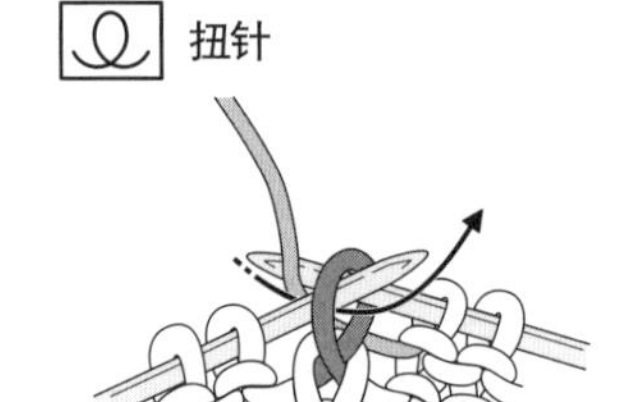

当右针插入后，将针目向外侧扭。在右针上挂线，按箭头所示用右针将线拉出。

上针的扭针

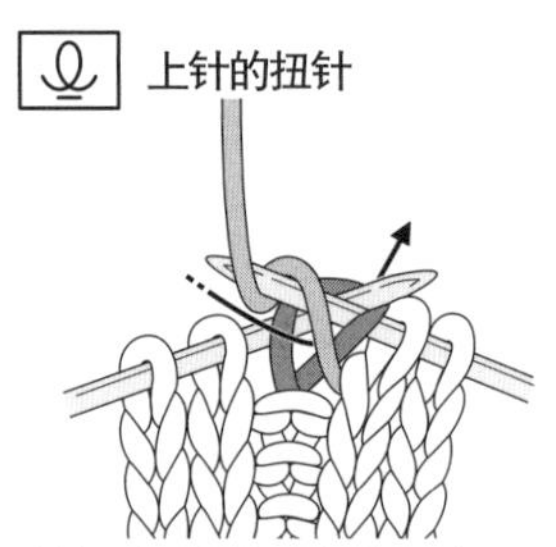

右针从针目外侧开始扭着针目插入。在右针上挂线，按箭头所示用右针将线拉出。

挂针

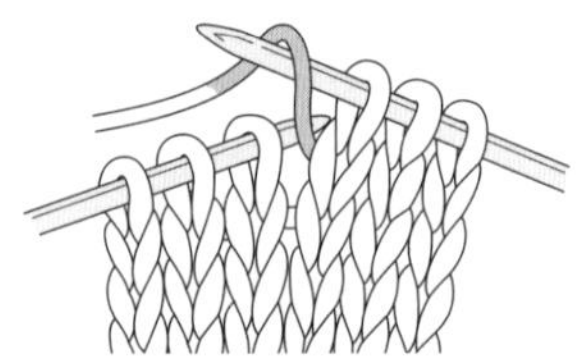

将线从内向外挂在右针上。

右上2针并1针

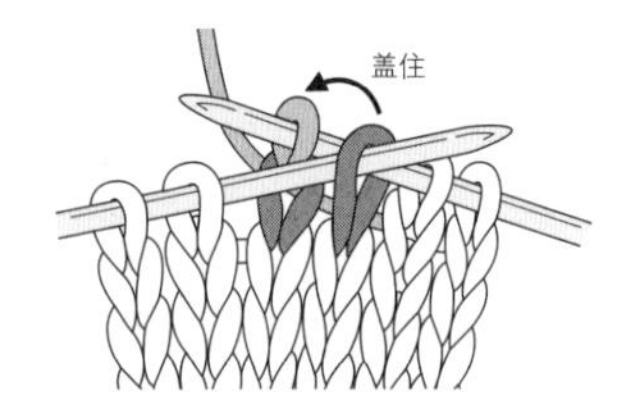

将左针上右侧的第1针不编织改变方向后直接移至右针，编织左针上的1针。用左针挑取右侧的针目盖住左侧的针目。

左上2针并1针

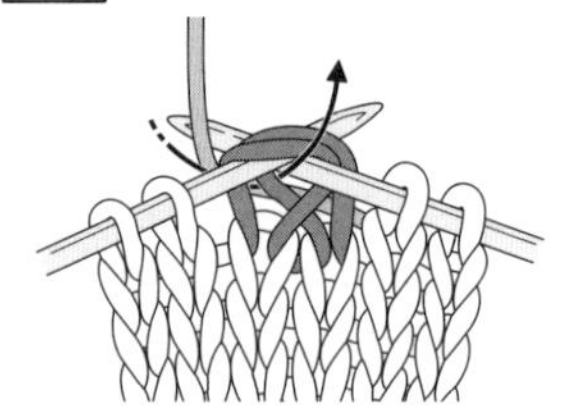

右针插入左针的2个针目中，在右针上挂线，按箭头所示用右针将线拉出。

卷针

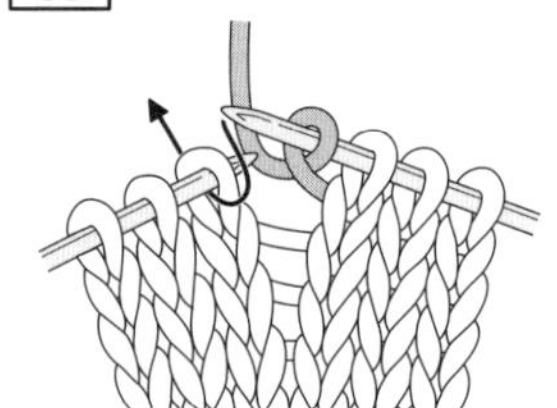

在右针上绕线，编织下一针。

中上3针并1针

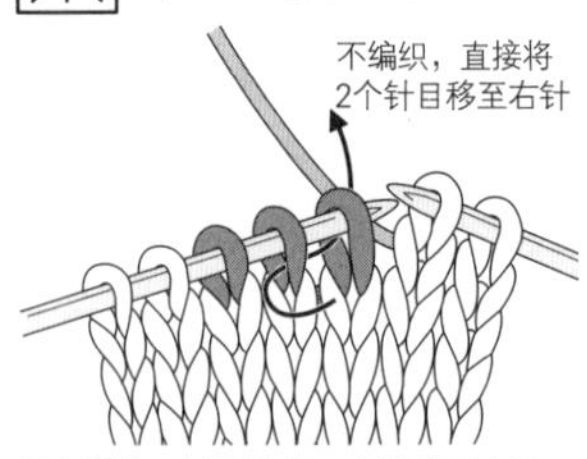

❶右侧的2针不编织，直接移至右针。

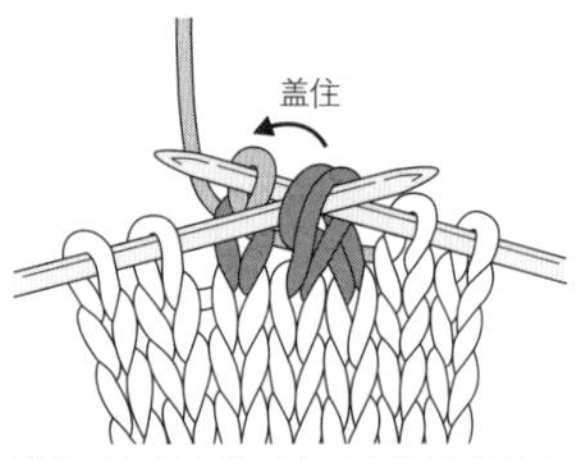

❷编织左针上的1针，再用左针挑取右侧的2针盖住左侧的针目。

上针的右上2针并1针

交换2个针目的位置，右针插入2个针目中。在右针上挂线，按箭头所示用右针将线拉出。

上针的左上2针并1针

将右针插入2个针目中，在右针上挂线，按箭头所示用右针将线拉出。

右上3针并1针

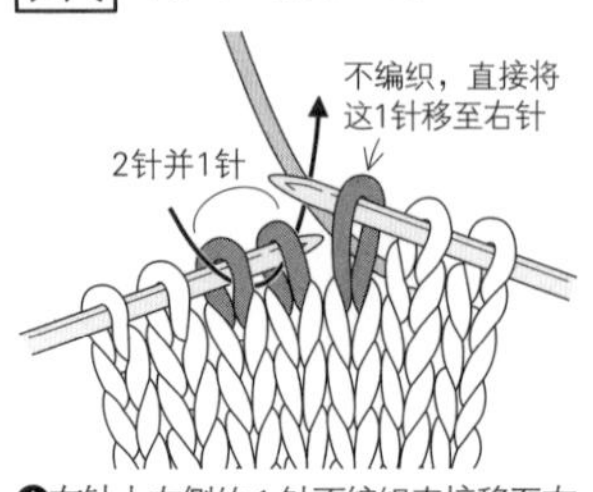

❶左针上右侧的1针不编织直接移至右针，左侧2针编织左上2针并1针。

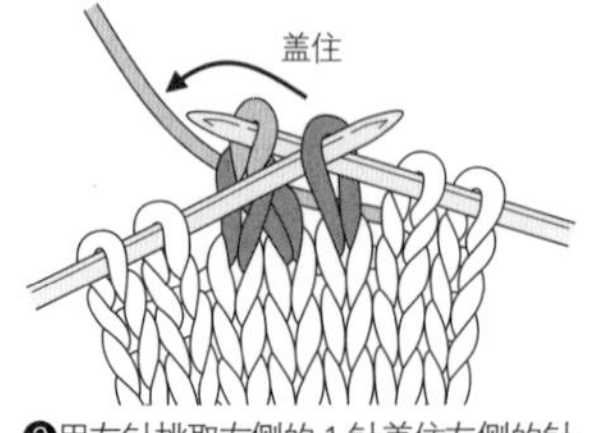

❷用左针挑取右侧的1针盖住左侧的针目。

左上3针并1针

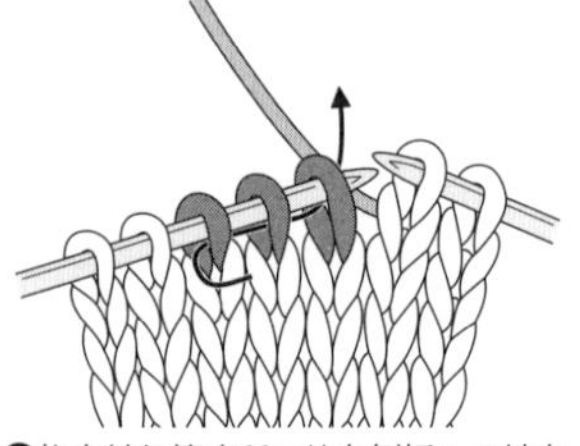

❶将右针如箭头所示从左侧插入3针中。

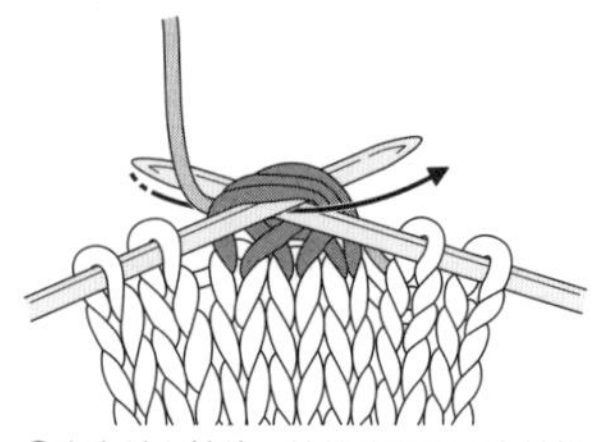

❷在右针上挂线，按箭头所示用右针将线拉出。

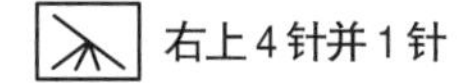

右上4针并1针

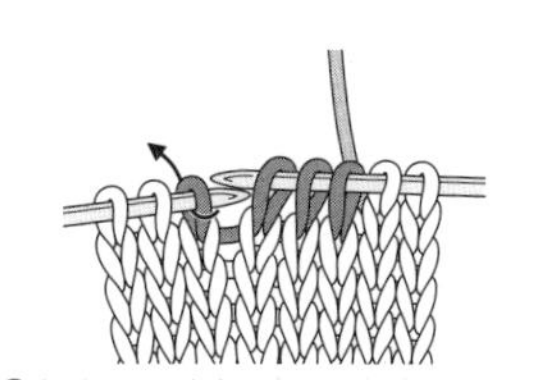

❶将左针上右侧的3针变换方向但不编织移至右针，编织左侧的1针。

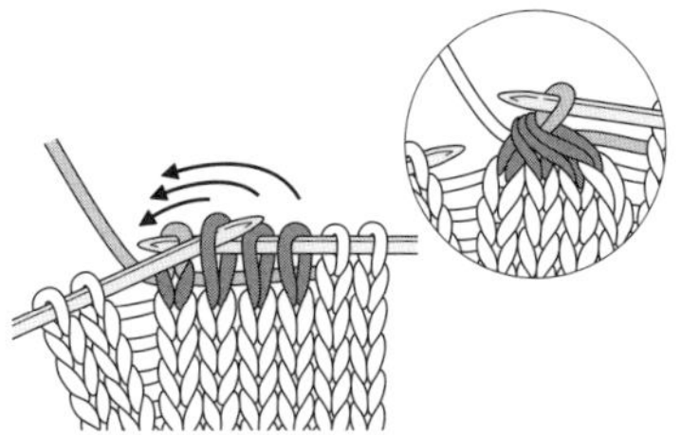

❷使用左针将右针上右侧的3针逐个盖住左侧的针目。

左上4针并1针

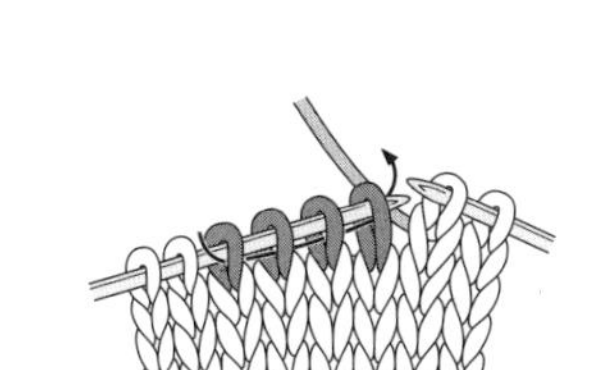

❶将右针如箭头所示从左侧一次性插入4个针目中。

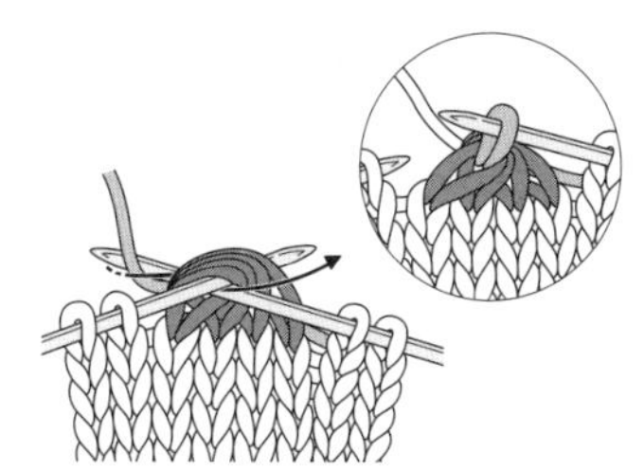

❷在右针上挂线，按箭头所示用右针将线拉出。

扭针的右上2针并1针

❶左针上右侧的针目不编织，扭一下后移至右针，编织左针的1针。

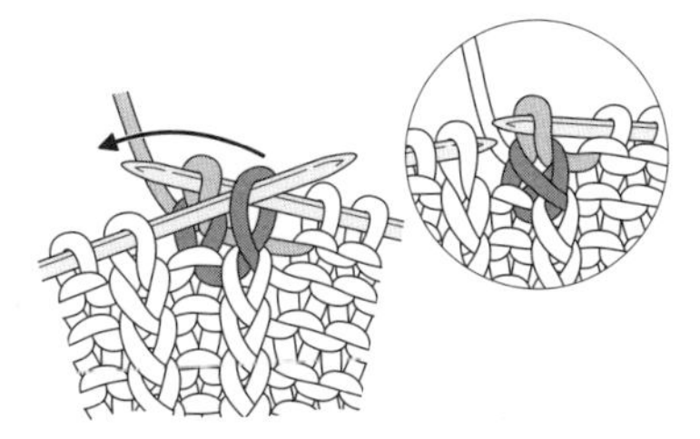

❷用左针挑取右侧的针目盖住左侧的针目。

扭针的左上2针并1针

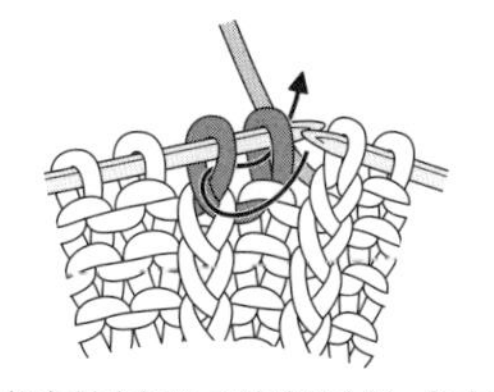

❶将左针右侧的2针移至右针，将左侧的针目扭后，再将这2针移回左针。将右针从2针的左侧插入。

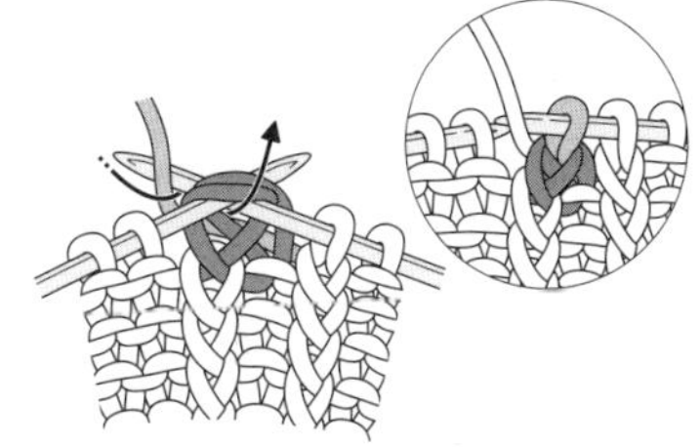

❷在右针上挂线，按箭头所示用右针将线拉出。

扭针的右上3针并1针

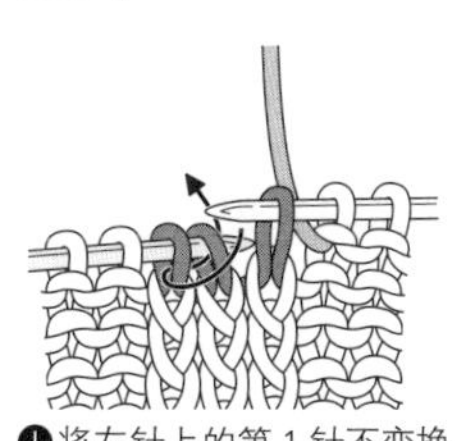

❶将左针上的第1针不变换方向移至右针，左侧的2针编织左上2针并1针。

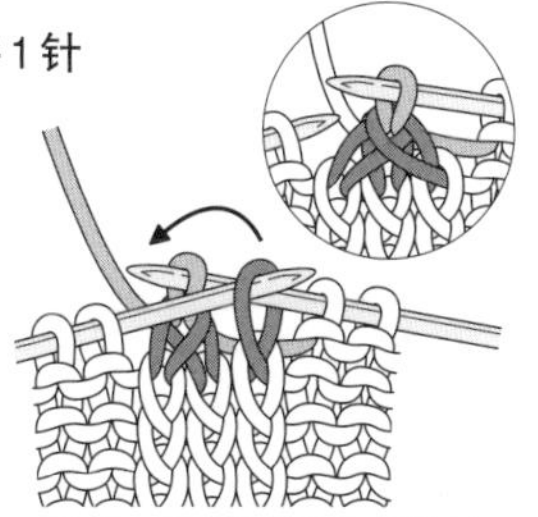

❷用左针一边扭转右侧的针目，一边使其盖住左侧的针目。

扭针的中上3针并1针

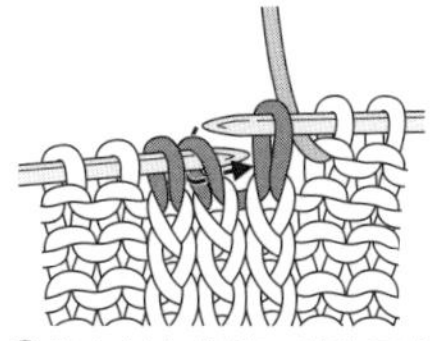

❶将左针上的第1针移至右针，左侧的针目扭转后，将2针移回左针。

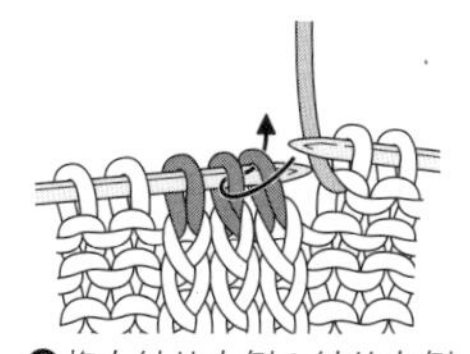

❷将右针从右侧2针的左侧插入。

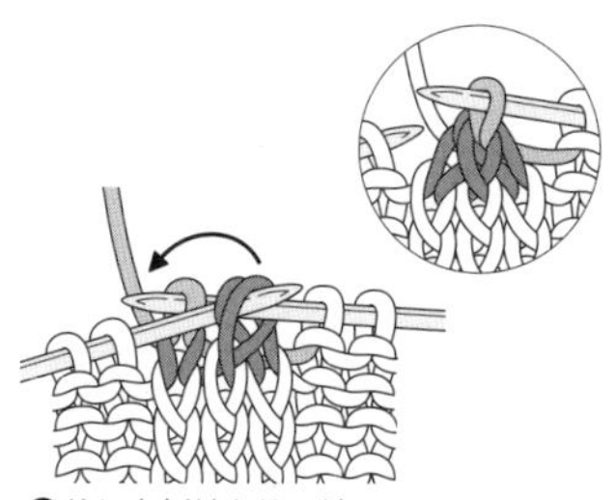

❸编织左侧针上的1针，再用左针挑取右侧的2针盖住左侧的针目。

1针放3针的加针

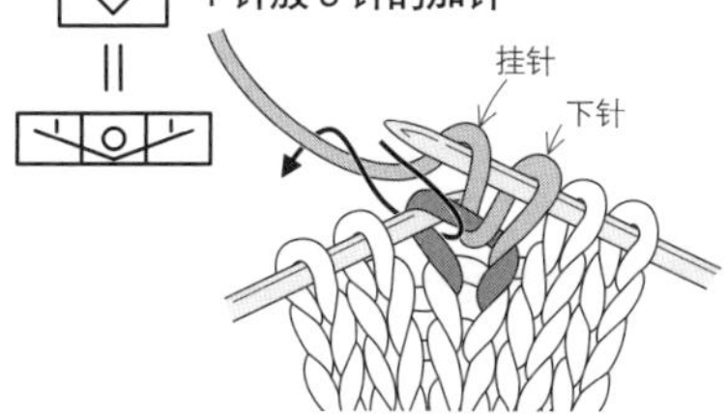

❶在1针里织下针、挂针，下一针也在同一针目上织下针。

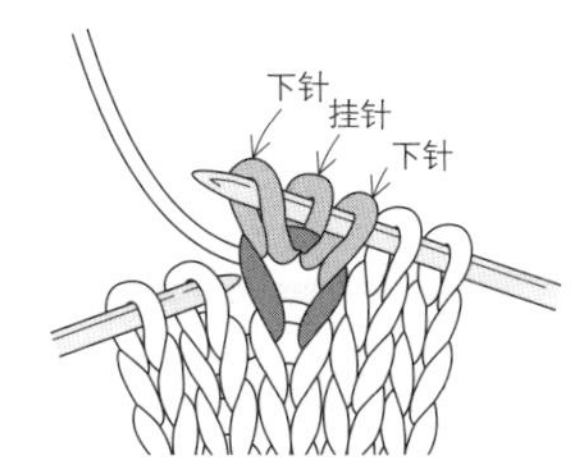

❷1针放3针的加针完成。

1针放5针的加针

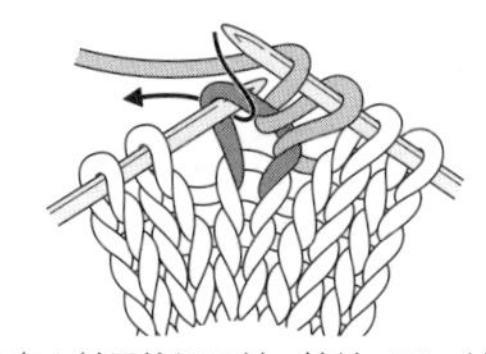

❶在1针里编织下针、挂针，下一针也在同一针目上编织下针、挂针、下针。

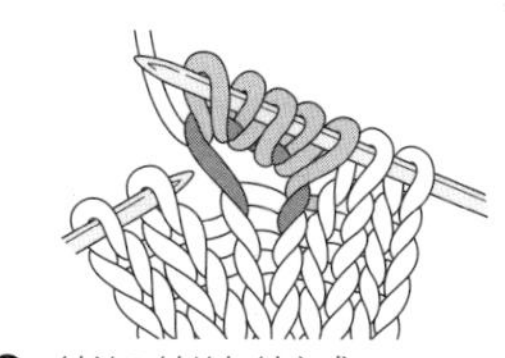

❷1针放5针的加针完成。

右上扭针1针交叉（下侧是上针）

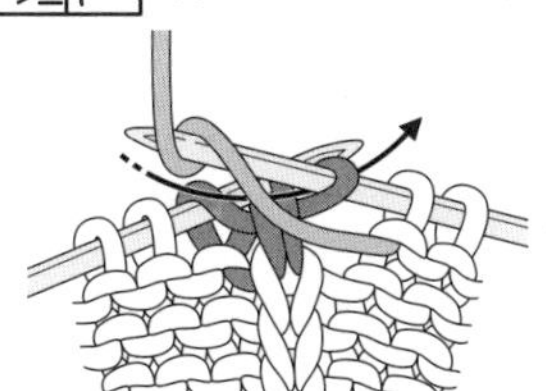

❶如图从右侧针目的后面，将右针从外侧插入。将针目拉出，编织上针。

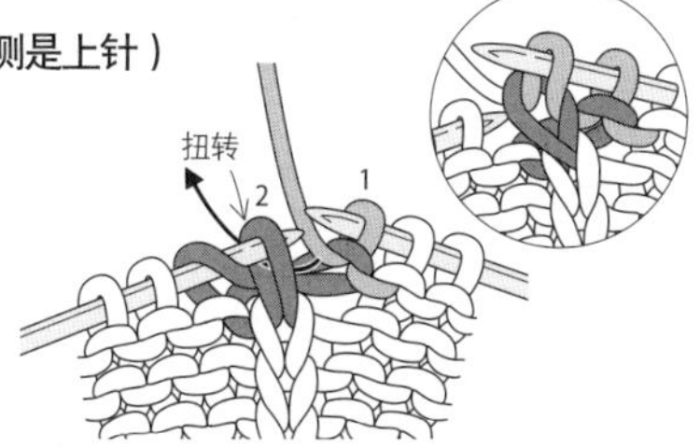

❷扭转右侧的针目编织下针。

左上扭针1针交叉（下侧是上针）

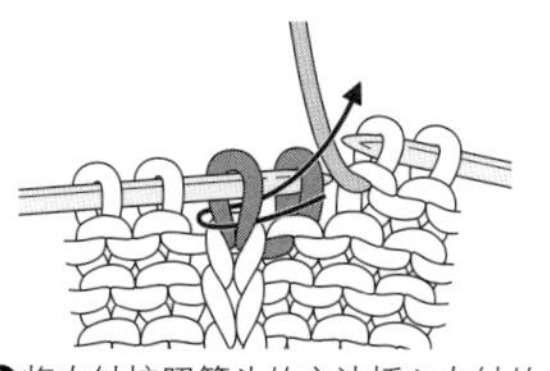

❶将右针按照箭头的方法插入左针的针目，扭转后拉出，编织下针。

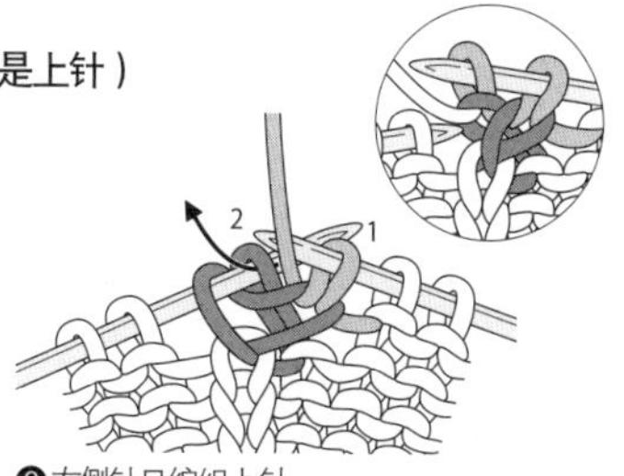

❷右侧针目编织上针。

右上扭针 1 针交叉

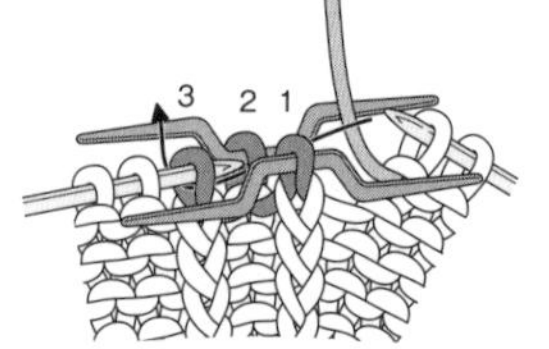

❶将针 1 、针 2 分别移至 2 根麻花针上，针 1 在织片前，针 2 在织片后。

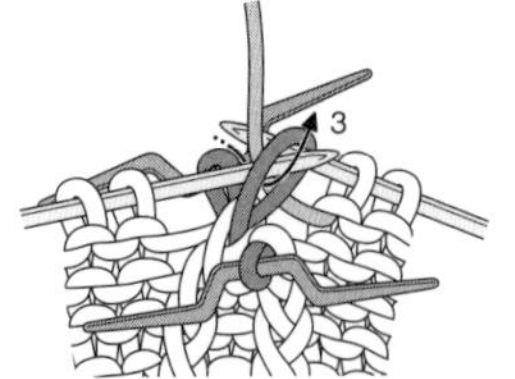

❷针 3 编织扭针。

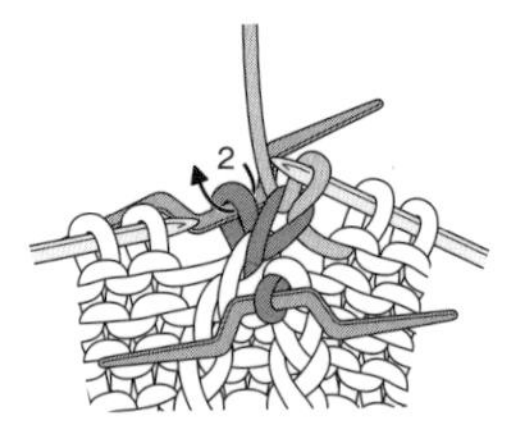

❸针 2 编织上针。

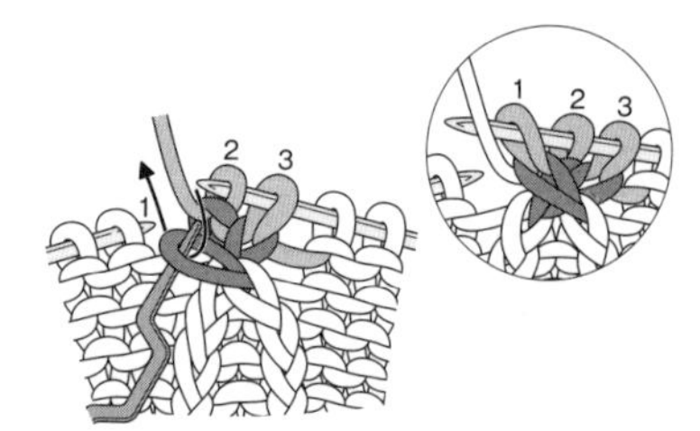

❹针 1 编织扭针。右上扭针 1 针交叉完成。

右上 3 针交叉

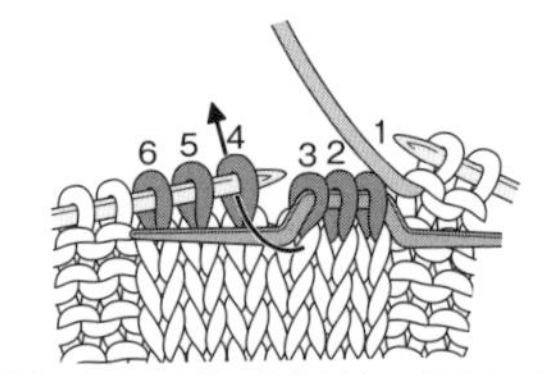

❶将针 1 ~ 3 移至麻花针上，放在织片前。针 4 编织下针。

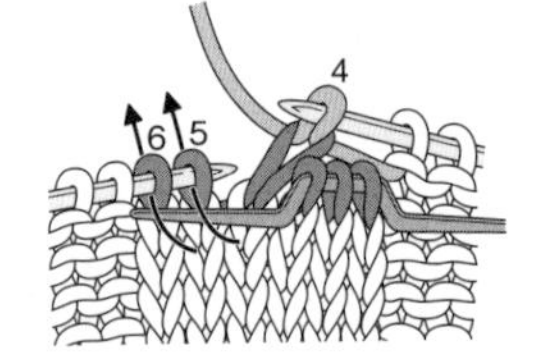

❷针 5 、针 6 也编织下针。

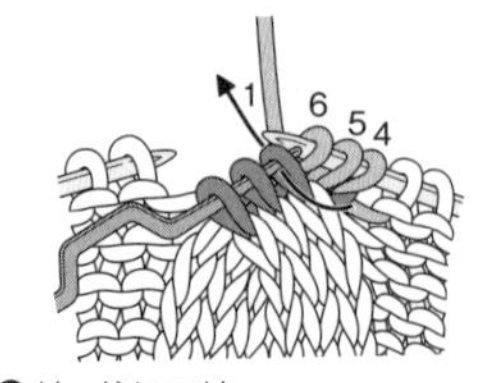

❸针 1 编织下针。

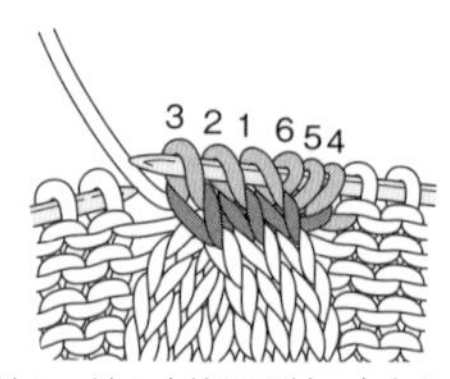

❹针 2 、针 3 也编织下针。右上 3 针交叉完成。

左上 3 针交叉

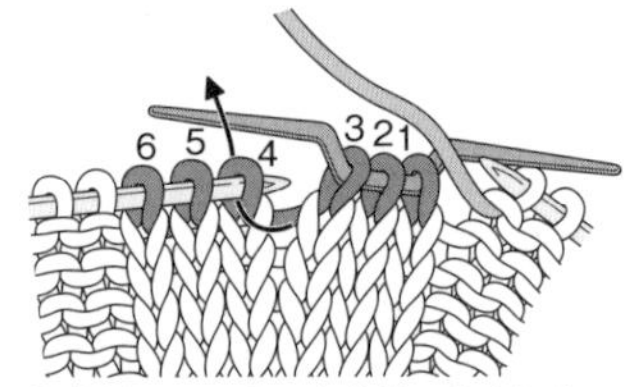

❶将针 1 ~ 3 移至麻花针，放在织片后。针 4 编织下针。

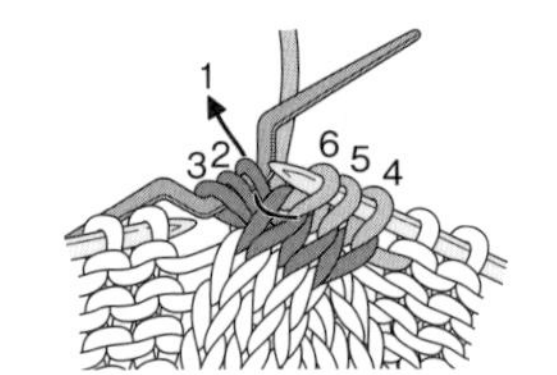

❷针 5 、针 6 也编织下针。针 1 编织下针。

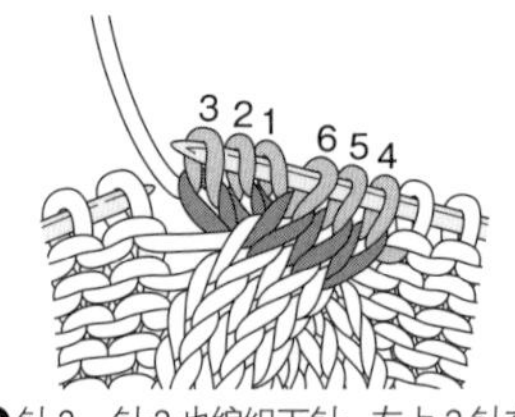

❸针 2 、针 3 也编织下针。左上 3 针交叉完成。

滑针

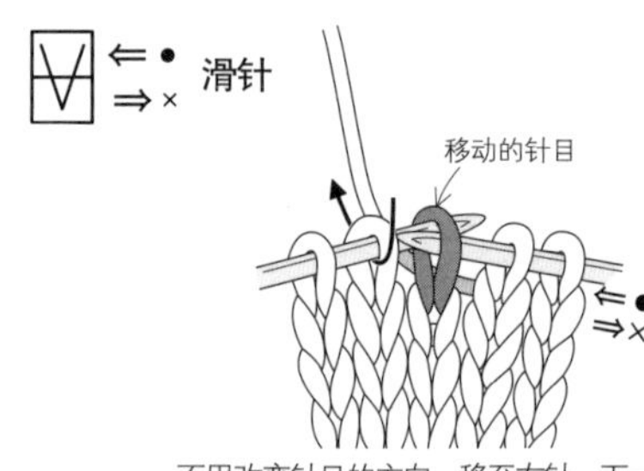

不用改变针目的方向，移至右针。下一针编织下针。

下滑 3 行的泡泡针

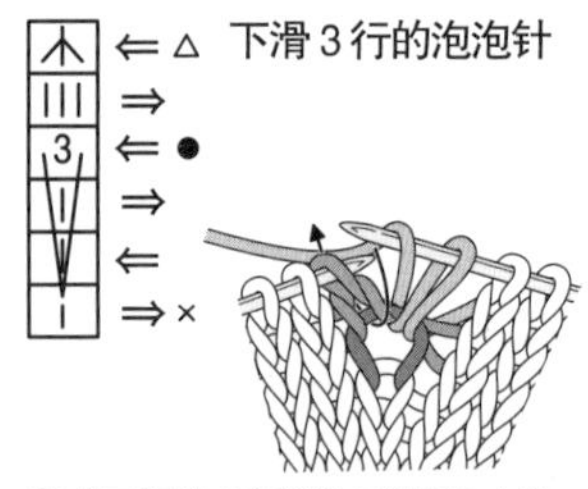

❶在下面第 3 行的针目处插入右针，编织下针、挂针、下针。

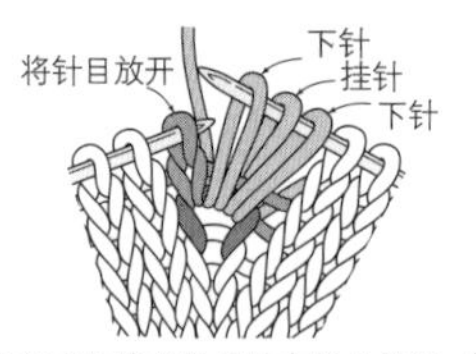

❷将多加出的针目从左针上放开，解开编织的针目。

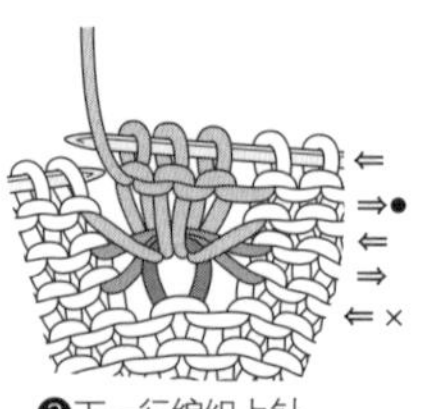

❸下一行编织上针。

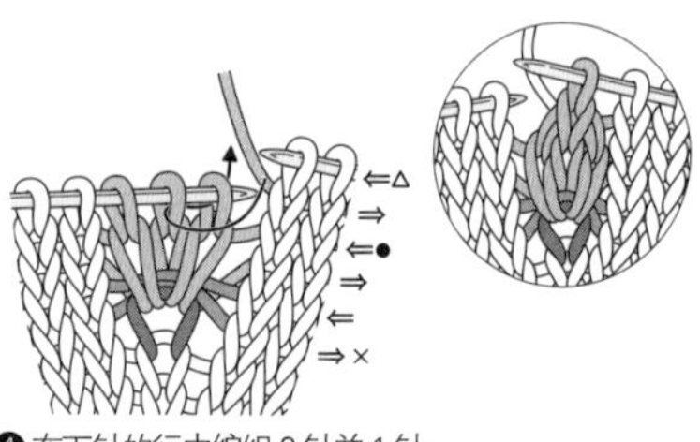

❹在下针的行中编织 3 针并 1 针。

3 卷绕线

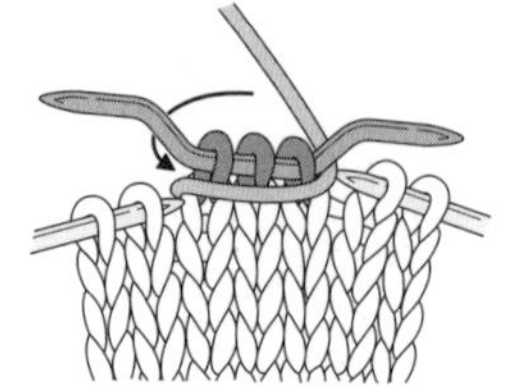

❶编织 3 针，移至麻花针上。按照箭头的方向，在这 3 针上绕 3 圈线。

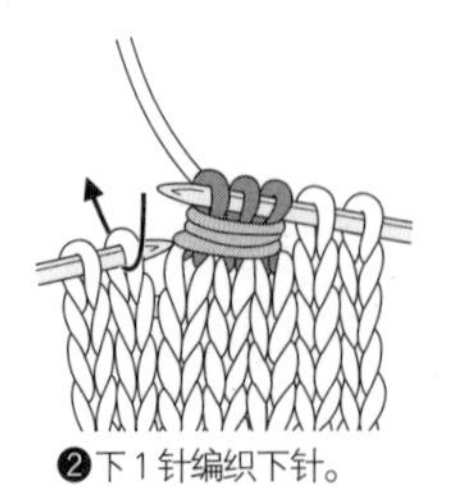

❷下 1 针编织下针。

穿入左针的绕线

❶如箭头所示在左侧的针目处插入右针，盖住右侧的 2 针。

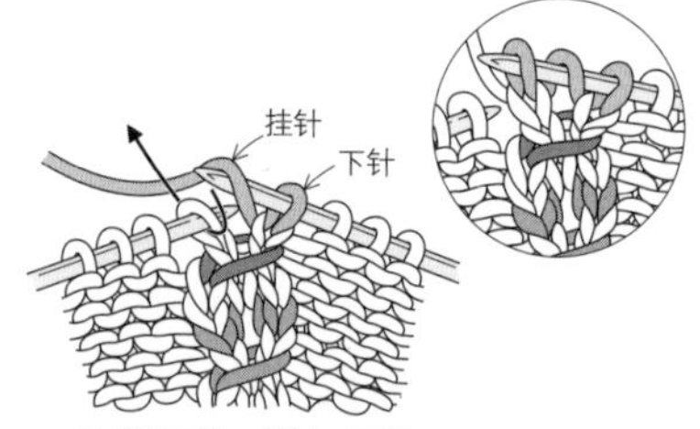

❷编织下针、挂针、下针。

钩针编织

锁针

❶按照箭头所示用钩针，将线挂在钩针上。

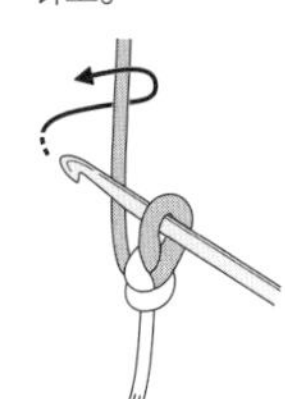

❷按箭头所示将钩针从针目中将线拉出。重复"在钩针上挂线、将线拉出"的步骤。

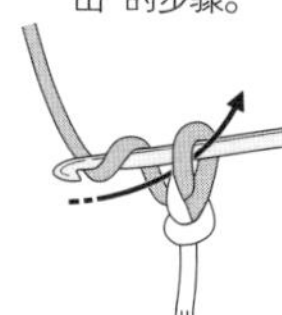

引拔针

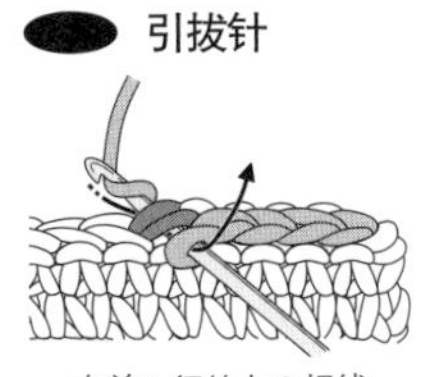

在前1行的上2根线处插入钩针，在钩针上挂线，引拔。

短针

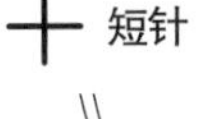

本书的符号　(X) JIS的符号

❶在前1行右端的短针上2根线处插入钩针。

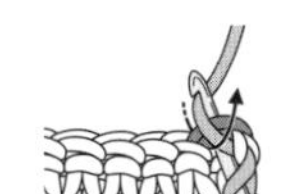

❷在钩针上挂线，将线拉出。

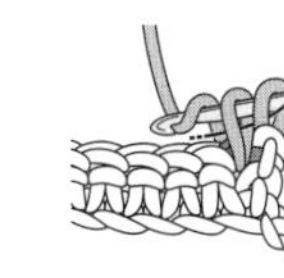

❸在钩针上挂线，从钩针上的2个线圈中引拔出。

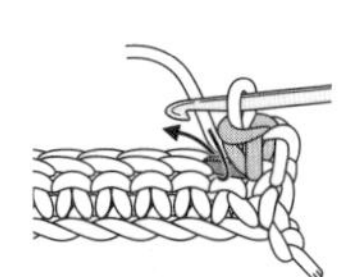

❹短针完成。之后重复步骤❶~❸。

中长针

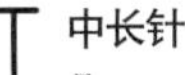

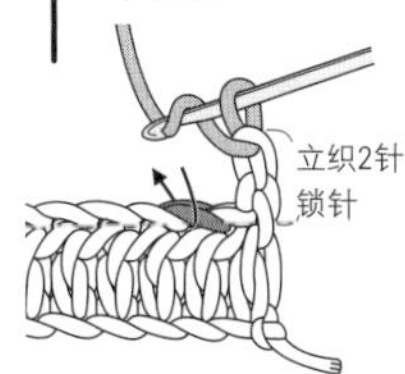

❶在钩针上挂线，将钩针插入前1行的上2根线处。

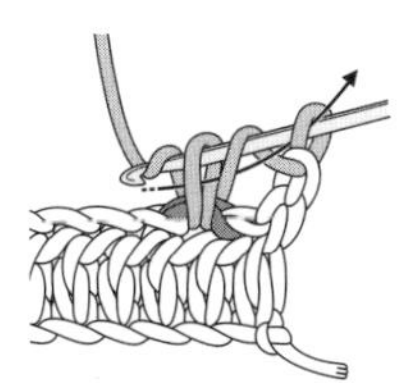

❷在钩针上挂线，将线拉出，在钩针上挂线，将线从钩针上的3个线圈中引拔出。

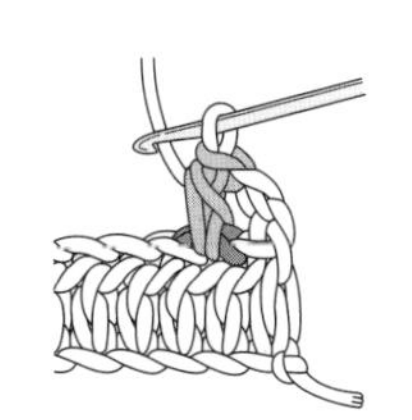

❸中长针完成。之后重复步骤❶、❷。

长针

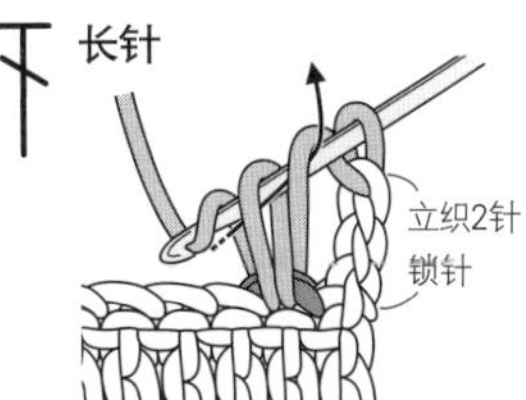

❶在钩针上挂线，将钩针插入前1行的上2根线处，将线拉出。在钩针上挂线，将线从钩针上的前2个线圈中拉出。

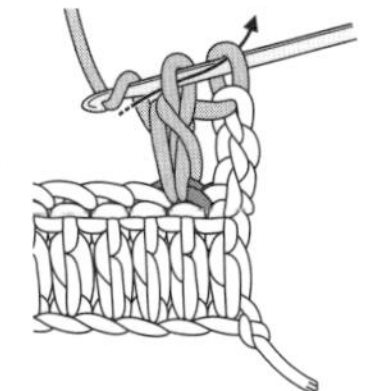

❷在钩针上挂线，将线从钩针上剩余的2个线圈中一次性引拔出。

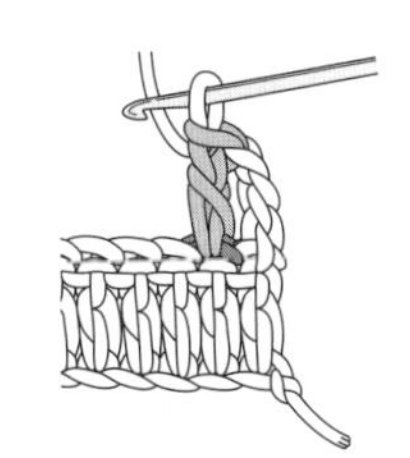

❸长针完成。之后重复步骤❶、❷。

长长针

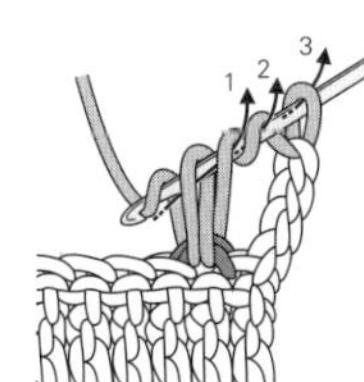

❶在钩针上绕2圈线，将钩针插入前1行的上2根线处，在钩针上挂线，将线拉出。

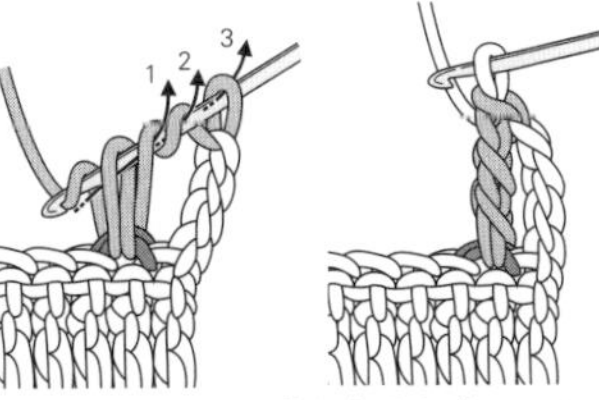

❷在钩针上挂线，将线从钩针上的前2个线圈中拉出（重复2次），再一次，从拉出的针目和剩余的1个线圈中引拔出。

❸长长针完成。之后重复步骤❶、❷。

1针放3针长针（在同一针目上编织）

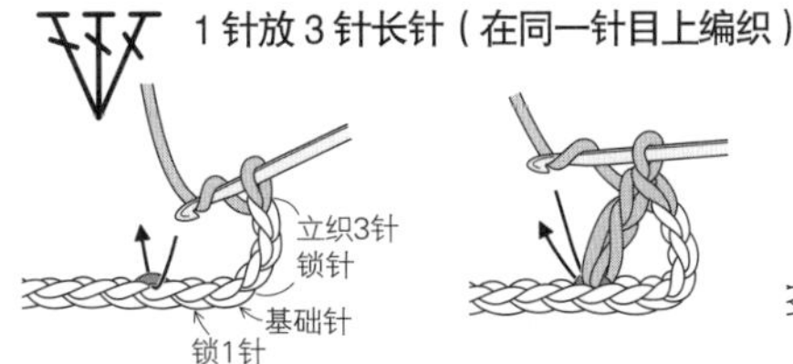

❶在锁针的里山处插入钩针，钩编长针。

❷在钩针上挂线，下一针也在相同的针目上钩编长针。

❸在钩针上挂线，在相同针目处插入钩针，钩编第3针长针。

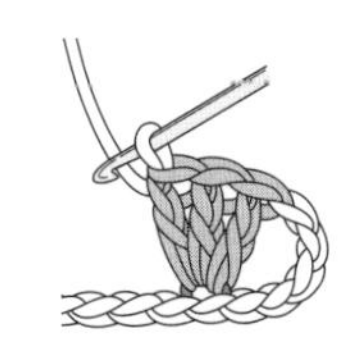

❹在1针上放出3针长针。

短针的棱针

❶在前1行短针的上面外侧1根线处按照箭头所示插入钩针。

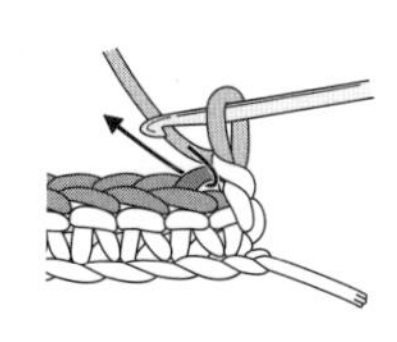

❷在钩针上挂线，按照箭头所示将线拉出。

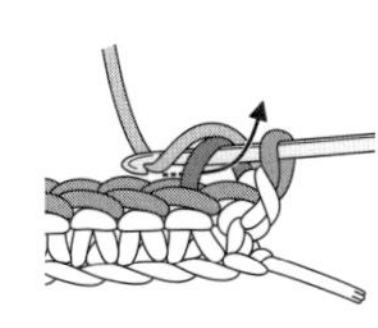

❸钩编短针。下一针也在前1行短针的上面外侧1根线处插入钩针进行钩编。

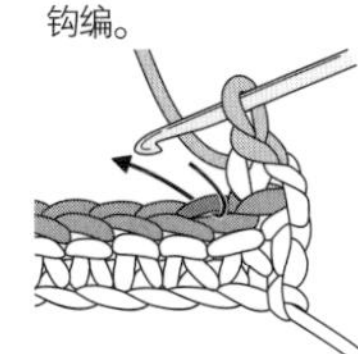

❹下一行也在前1行短针的上面外侧1根线处插入钩针进行钩编。

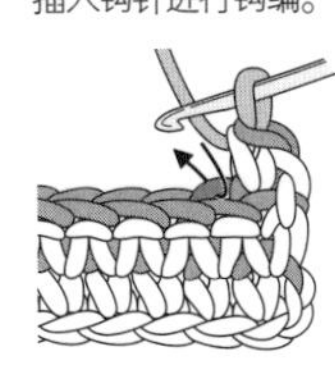

短针的条纹针

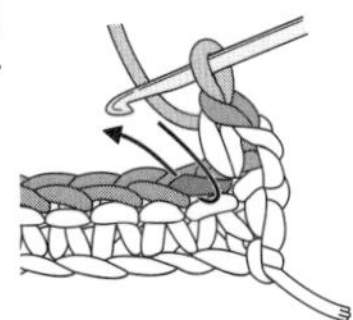

❶在前1行短针的上面内侧1根线处插入钩针，钩编短针。

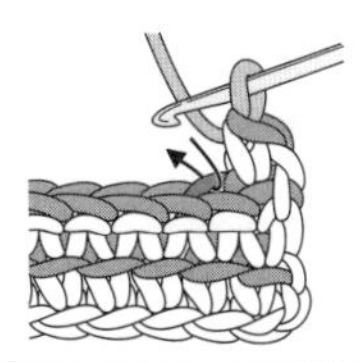

❷下一行在前1行短针的上面外侧1根线处插入钩针进行钩编。

3针长针的枣形针（在同一针目上编织）

❶将钩针插入锁针的里山，钩编1针未完成的长针。

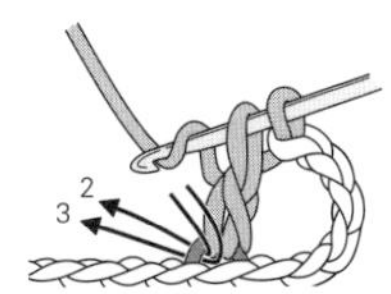

❷在同一针目上再钩编2针未完成的长针。

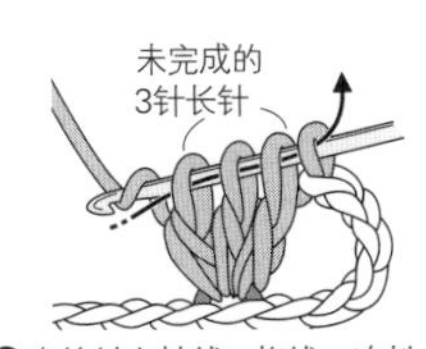

❸在钩针上挂线，将线一次性从钩针上的4个线圈中引拔出。

❹3针长针的枣形针完成。

前一行是长针的情况

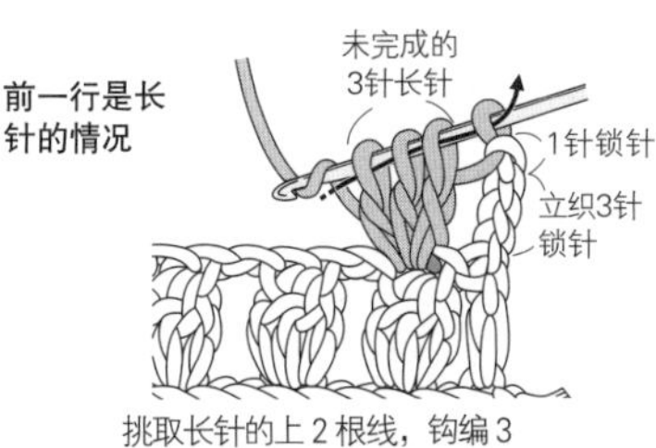

挑取长针的上2根线，钩编3针未完成的长针，将线一次性从钩针上的4个线圈中引拔出。

 5针长针的爆米花针（在同一针目上编织）

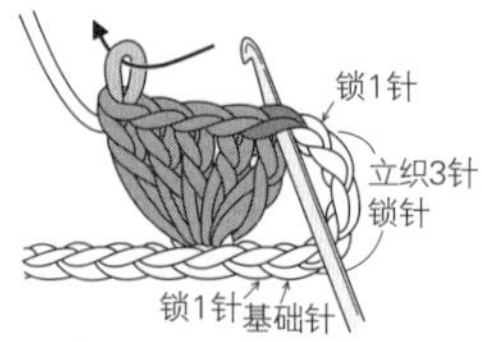

❶在锁针的里山上钩编5针长针。将钩针从针目中拿开一下，再重新插入第1针和刚刚拿开的针目中。

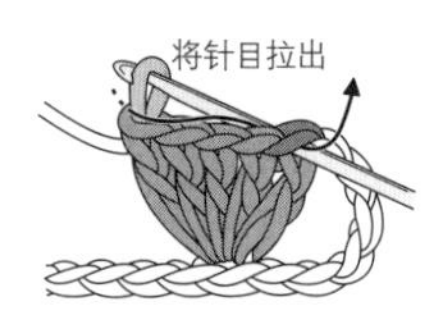

❷穿过第1针，将针目拉出。

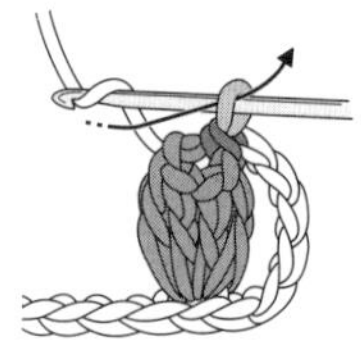
❸在钩针上挂线，引拔。

从反面编织的情况

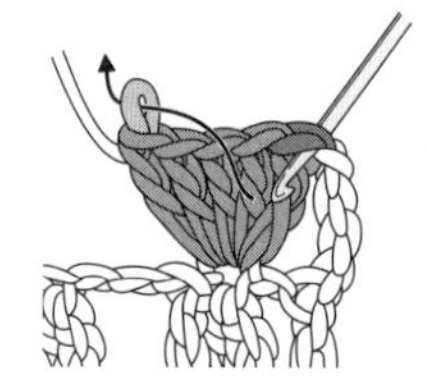
❹将钩针从针目中拿开一下，再从第1针的外侧插入，然后插入刚刚拿开的针目。

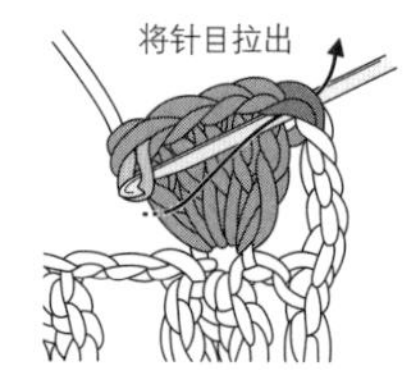

❺穿过第1针，将针目拉出。

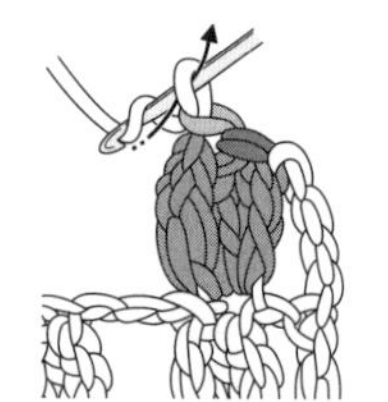
❻这是钩针上挂着线，刚刚引拔完成的样子。针目向外侧突出。

 3针锁针的狗牙拉针

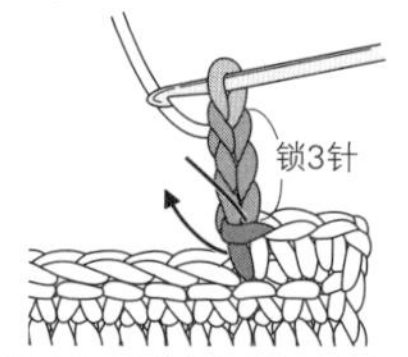

❶钩编3针锁针，按照箭头所示，将钩针插入短针的上1根线和下1根线处。

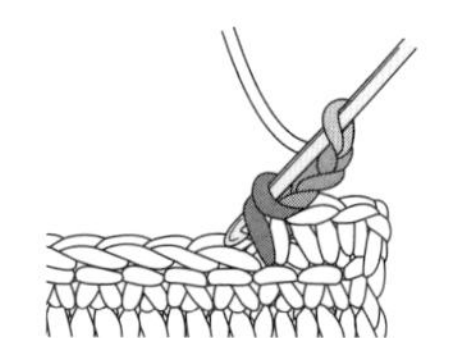
❷钩针刚插入时的样子。

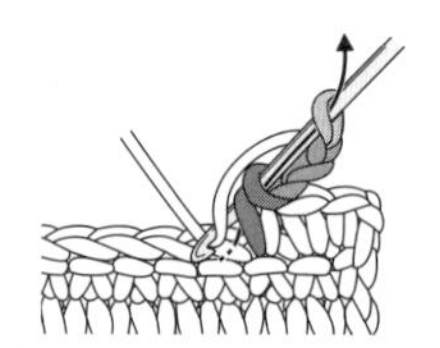
❸在钩针上挂线，一次性从短针的下面、上面及钩针上的针目中引拔出。

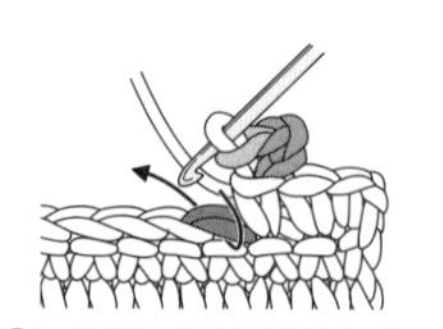
❹3针锁针的狗牙拉针完成。下一针钩编短针。

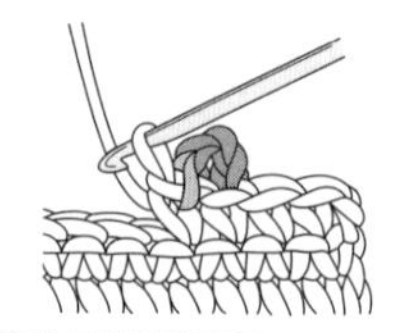
❺狗牙拉针稳定了。

 Y字针

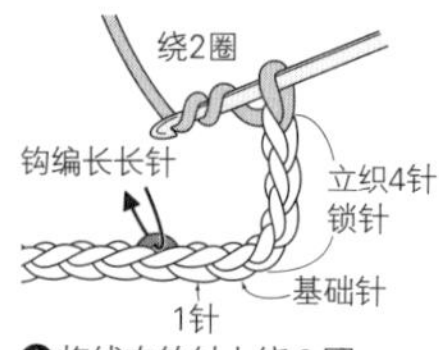

❶将线在钩针上绕2圈，在锁针的里山处钩编长长针。

❷钩编1针锁针，在钩针上挂线，按照箭头的方向，在2根线下插入钩针。

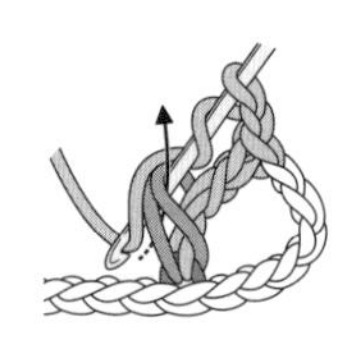
❸在钩针上挂线，将线拉出。

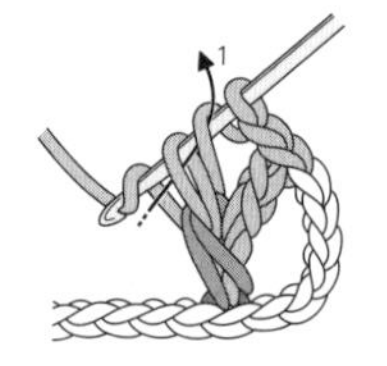

❹在钩针上挂线，将线从钩针上的前2个线圈中拉出。

❺在钩针上挂线，将线从钩针上的前2个线圈中引拔出。

❻Y字针完成。

3针中长针的枣形针

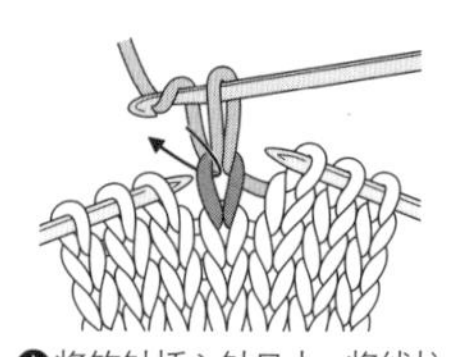
❶将钩针插入针目中，将线拉出，并将针目拉长。在钩针上挂线，将钩针插入到针目中。

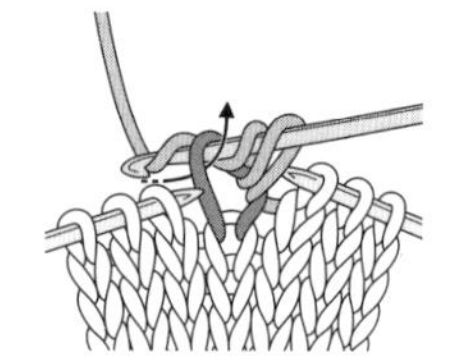
❷在钩针上挂线，将线从针目中拉出（未完成的中长针）。

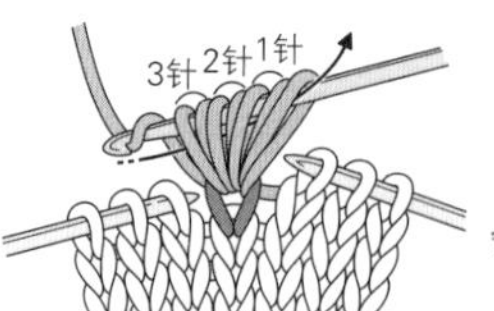

❸接着钩编2针未完成的长针，在钩针上挂线，将线从钩针上的7个线圈中引拔出。

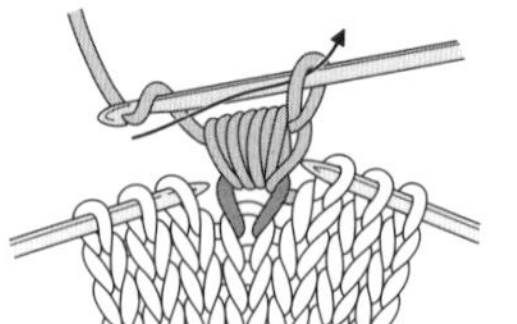
❹钩编1针锁针，收紧。

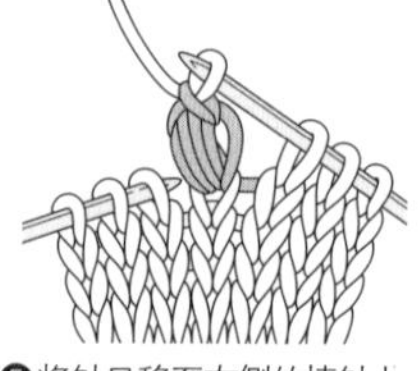
❺将针目移至右侧的棒针上。

螺纹绳

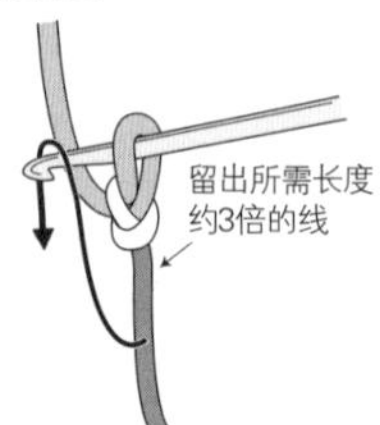

❶在线的一端留出所需要的长度的大约3倍的线，如箭头所示将线头从内侧向外侧挂线。

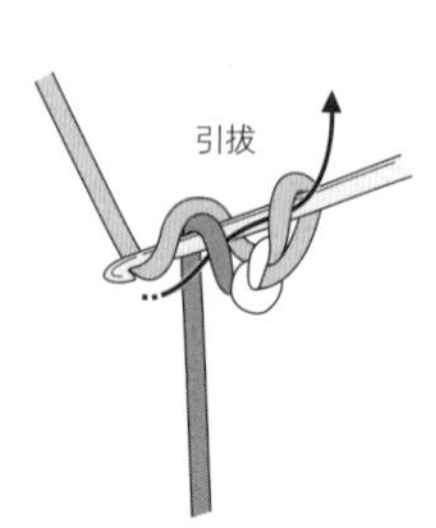

❷在钩针上挂线，如箭头所示将线从钩针上的2根线中引拔出。

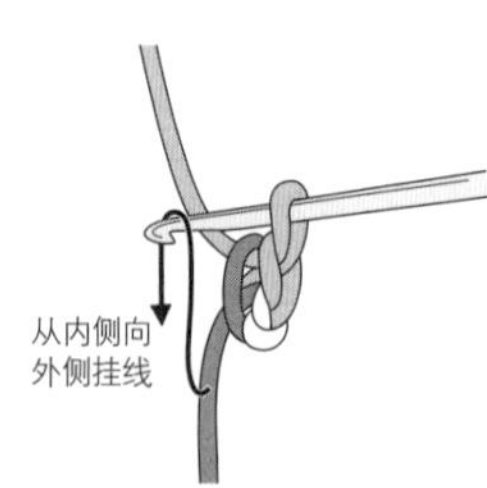

❸下1针也是将线头从钩针的内侧向外侧挂线。

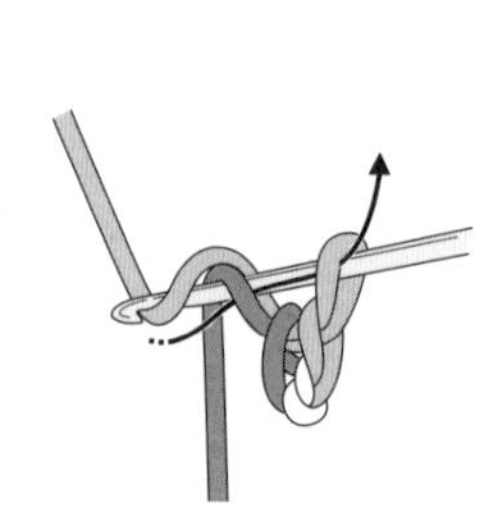
❹在钩针上挂线，将线从钩针上的2根线中引拔出。

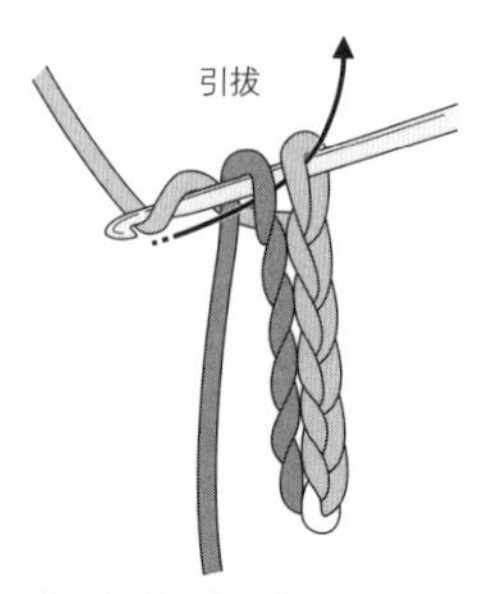

❺重复步骤❸、❹。

●**材料** 钻石线MSY(粗)原色(601) 280g/10团

●**工具** 棒针5、6、4号

●**成品尺寸** 胸围93cm、肩宽35cm、衣长56cm、袖长20.5cm

●**编织密度** 10cm×10cm面积内 编织花样(5号针):28针，36行

●**编织要点** ①在下摆使用另线锁针起针，参照图1、图2，进行密度调整和分散减针。袖窿参照图2、图4进行减针。领窝参照图3、图5，使用伏针与侧边1针立式减针进行编织。一边解开下摆的起针，一边挑针编织编织花样B，编织终点使用上针的伏针收针。②衣袖使用与身片相同的方法起针，参照图6，在袖下内侧1针处织扭针加针，袖山使用伏针与侧边1针立式减针进行编织。袖口编织编织花样D。③肩部使用盖针缝订缝，胁、袖下使用挑针缝接缝。④衣领用环形上挑针，编织编织花样D。⑤使用引拔针订缝，将衣袖与身片缝合。

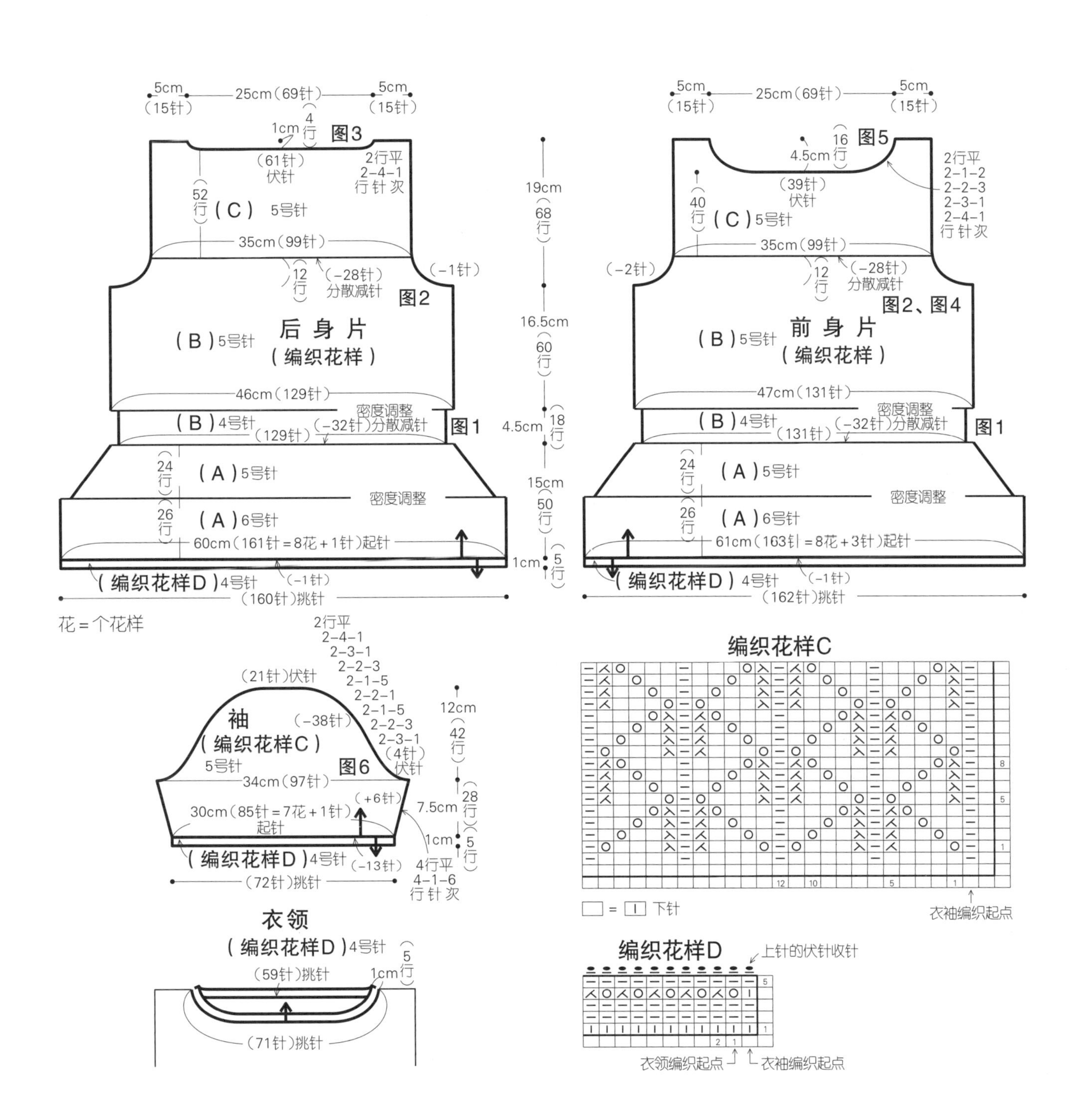

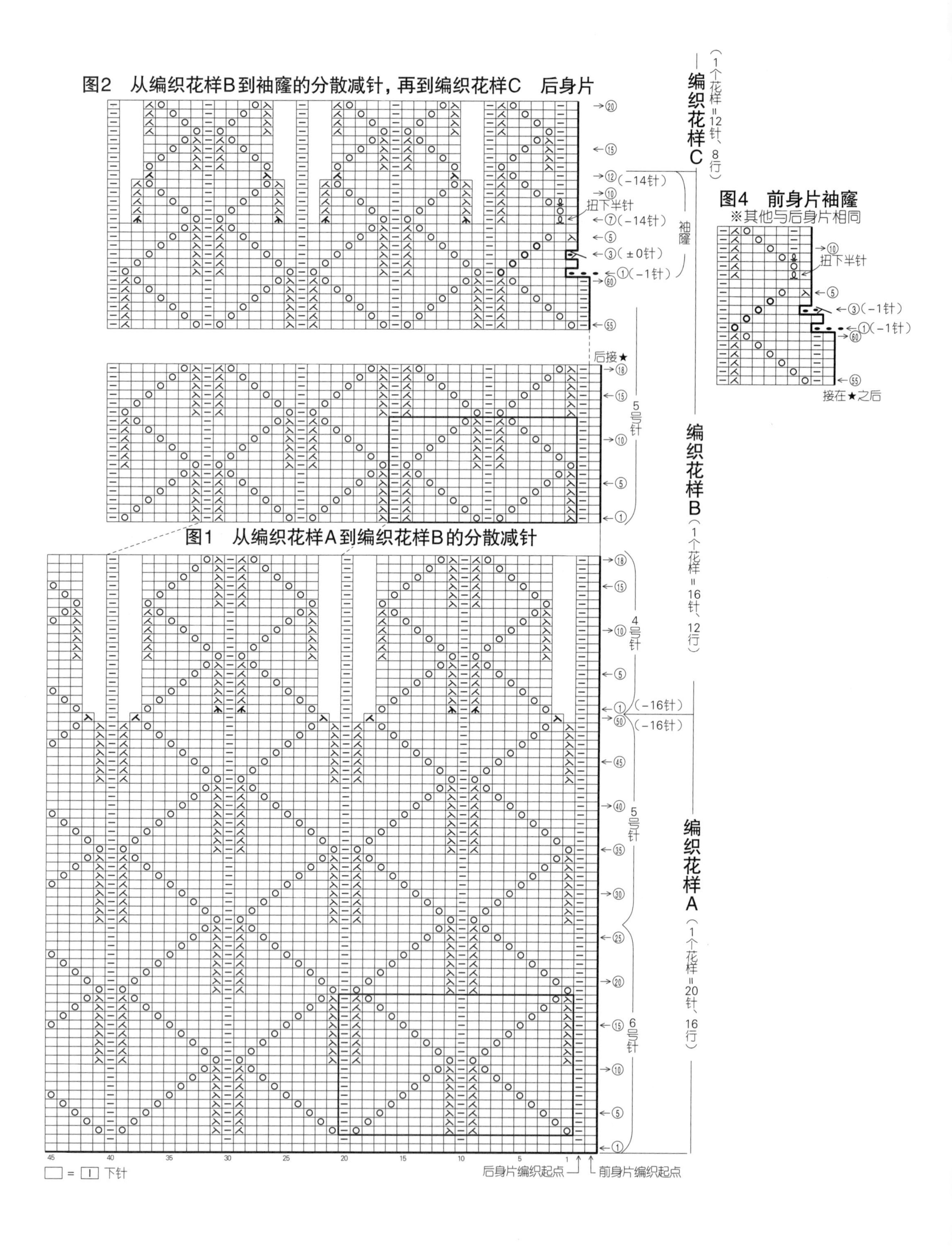

图2 从编织花样B到袖窿的分散减针，再到编织花样C 后身片
⑳
⑮
⑫(-14针)
⑩
扭下半针
⑦(-14针)
⑤
③(±0针)
①(-1针)
袖窿
60
55
后接★
编织花样C(1个花样=12针、8行)
图4 前身片袖窿
※其他与后身片相同
⑩
扭下半针
⑤
③(-1针)
①(-1针)
60
55
接在★之后
⑱
⑮
⑩
⑤
①
5号针
编织花样B(1个花样=16针、12行)
图1 从编织花样A到编织花样B的分散减针
⑱
⑮
⑩
⑤
①(-16针)
50(-16针)
45
40
35
30
25
⑳
⑮
⑩
⑤
①
4号针
5号针
6号针
编织花样A(1个花样=20针、16行)
45 40 35 30 25 20 15 10 5 1
□ = 丨 下针
后身片编织起点
前身片编织起点

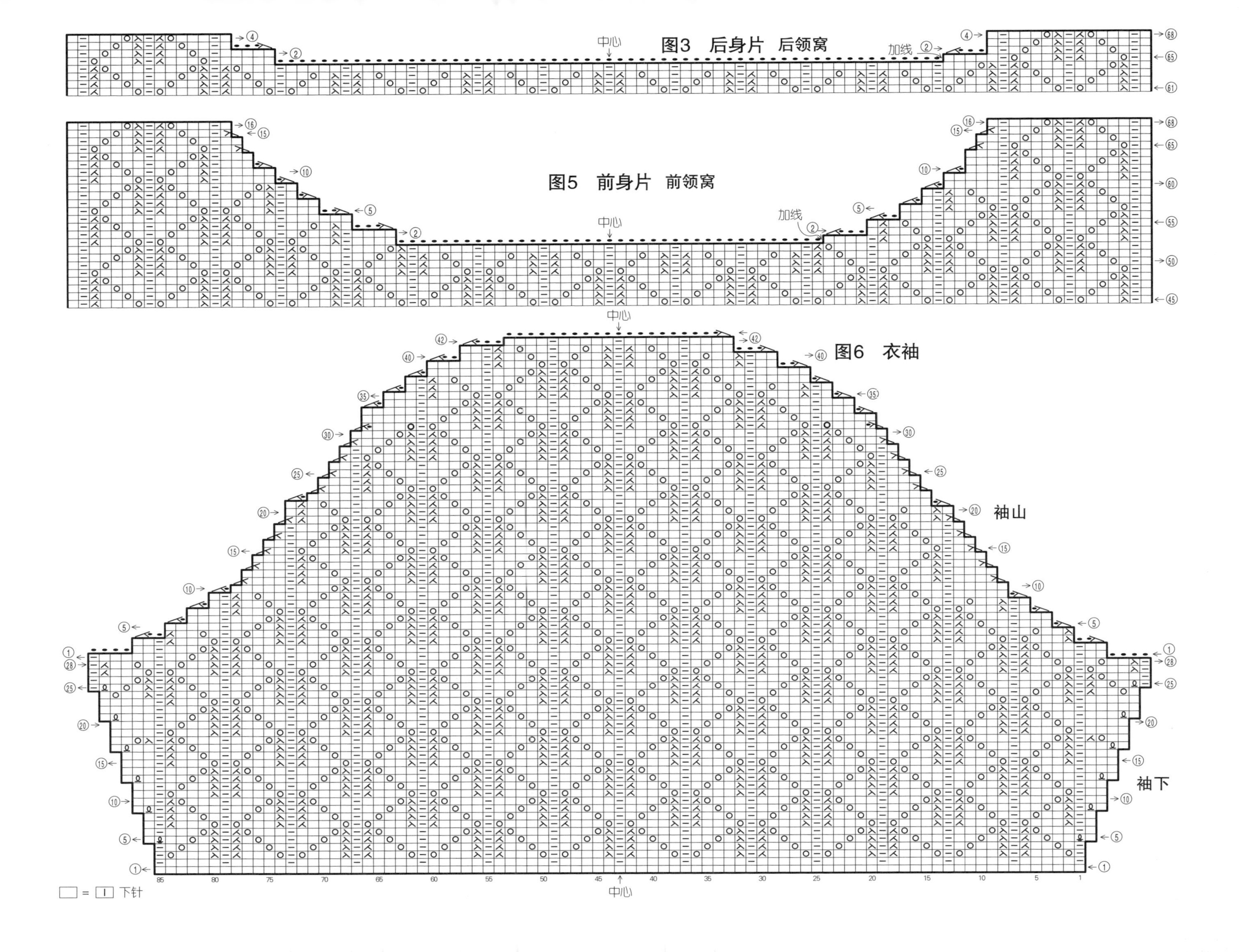
图3 后身片 后领窝
中心
加线
图5 前身片 前领窝
中心
加线
图6 衣袖
中心
袖山
袖下
□ = ｜ 下针

2

●材料 钻石线MS（粗）白色（101）220g/8团

●工具 棒针4号、3号，钩针2/0号

●成品尺寸 胸围92cm、肩宽35cm、衣长53cm

●编织密度 10cm×10cm面积内 编织花样A：28针，34行

●编织要点 ①在下摆使用另线锁针起针。在两肋编织4针下针编织，在中央编织编织花样A，参照图1、图2进行编织。两胁在内侧1针处织扭针加针，袖窿、领窝使用伏针与侧边1针立式减针进行编织。②一边解开下摆的起针，一边挑针编织编织花样B，编织终点使用扭针的单罗纹针收针。③肩部使用盖针缝订缝。④衣领、袖口分别挑针编织编织花样B，其中，衣领是环形编织，袖口是平面编织。编织终点的针目与下摆使用同样的方法收针。⑤参照图示编织下摆和袖口的编织花样B，一边绕线编织一边挑针缝接缝。

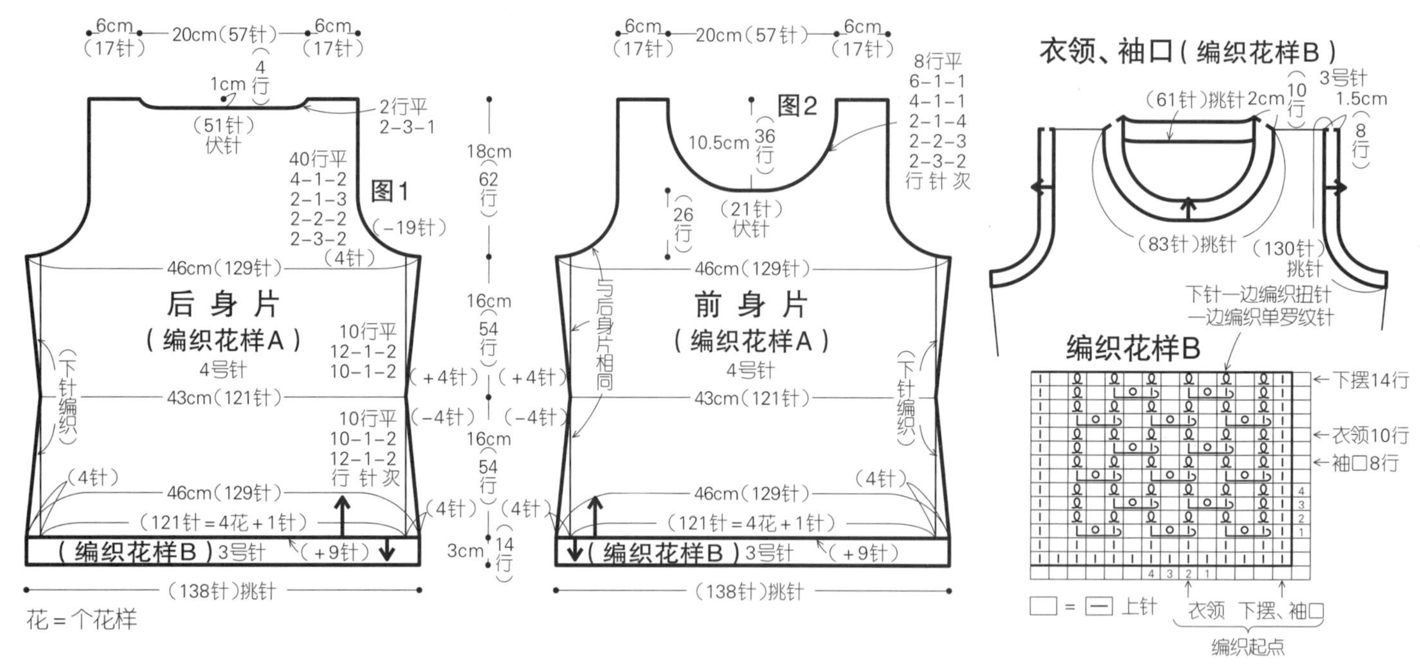

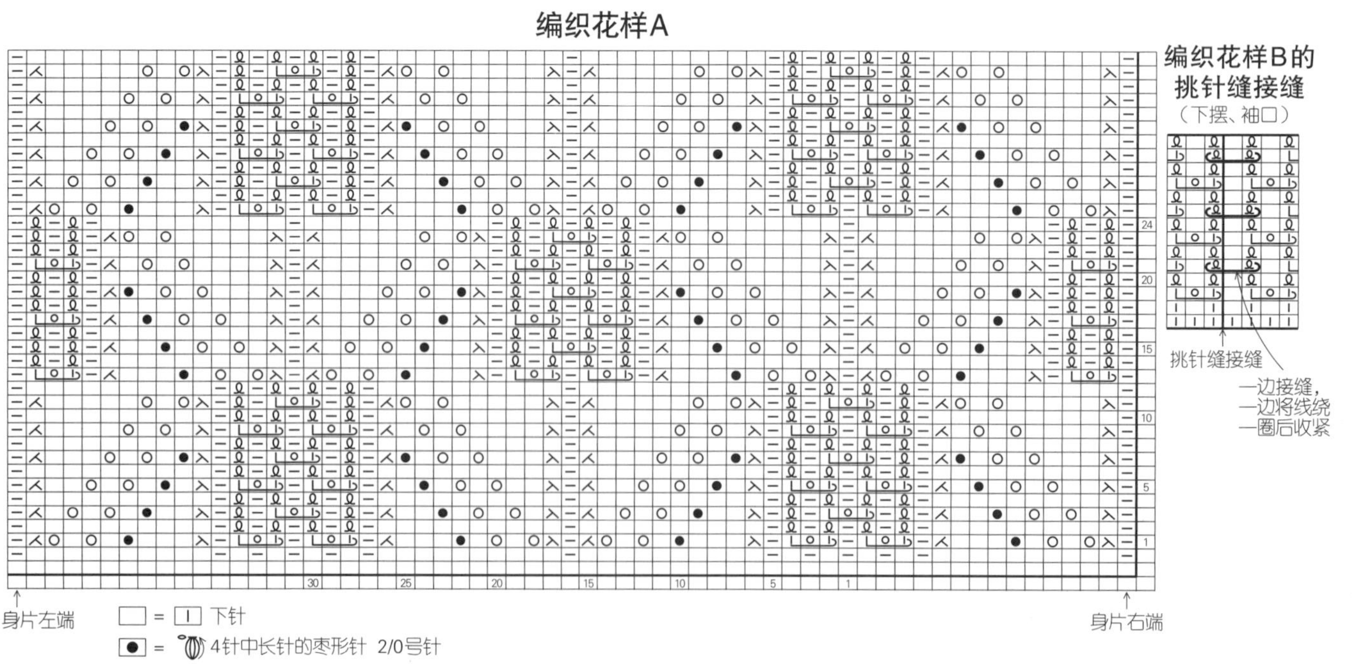

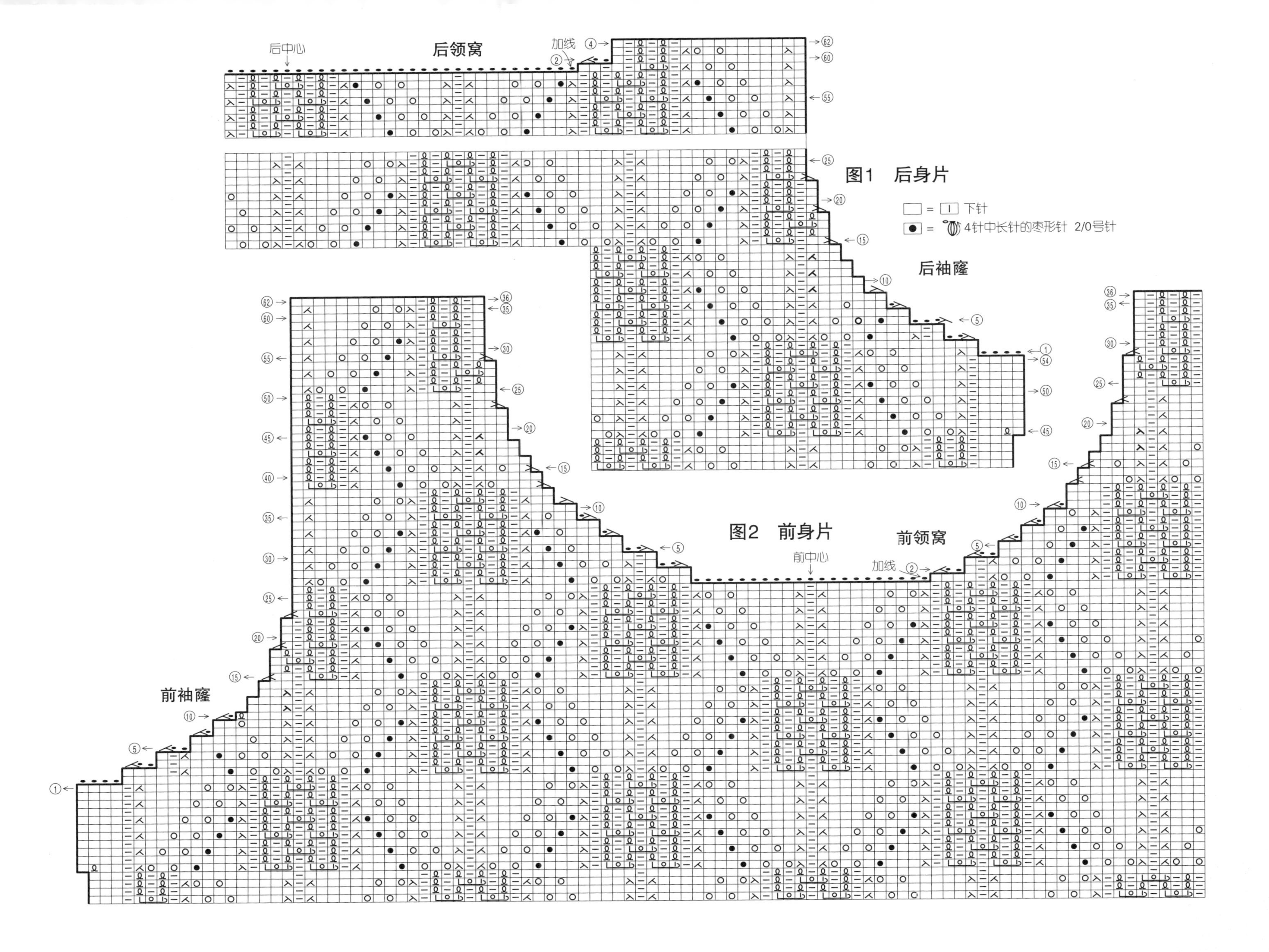
后领窝
后中心
加线
图1 后身片
□ = 丨 下针
● = 4针中长针的枣形针 2/0号针
后袖窿
图2 前身片
前中心
前领窝
加线
前袖窿

page5

3

●**材料** 钻石线MS（粗）白色（101）40g/2团；挂钩（0号）银色1组，串珠的使用量请参照一览表

●**工具** 棒针4号、3号

●**成品尺寸** 领宽8cm

●**编织密度** 10cm×10cm面积内 编织花样：30针，34行

●**编织要点** ①使用另线锁针起针，参照图示编织编织花样，编织终点较松散地编织扭针的单罗纹针收针。②一边解开另线起针的针目，一边挑针编织起伏针编织，编织终点使用上针的伏针收针。③花片是用手指挂线起针，花片A编织52行，花片B、B'编织32行。使用下针编织订缝，将编织起点和编织终点缝合，使用编织起点的线，将起伏针编织的交界线使用平针缝缝合，使其紧紧地收缩在一起，将中间的洞收没。在各花片上缝上串珠。④在起伏针编织第3行凹回的部分缝上串珠。⑤参考布局图，将花片包缝到上面。

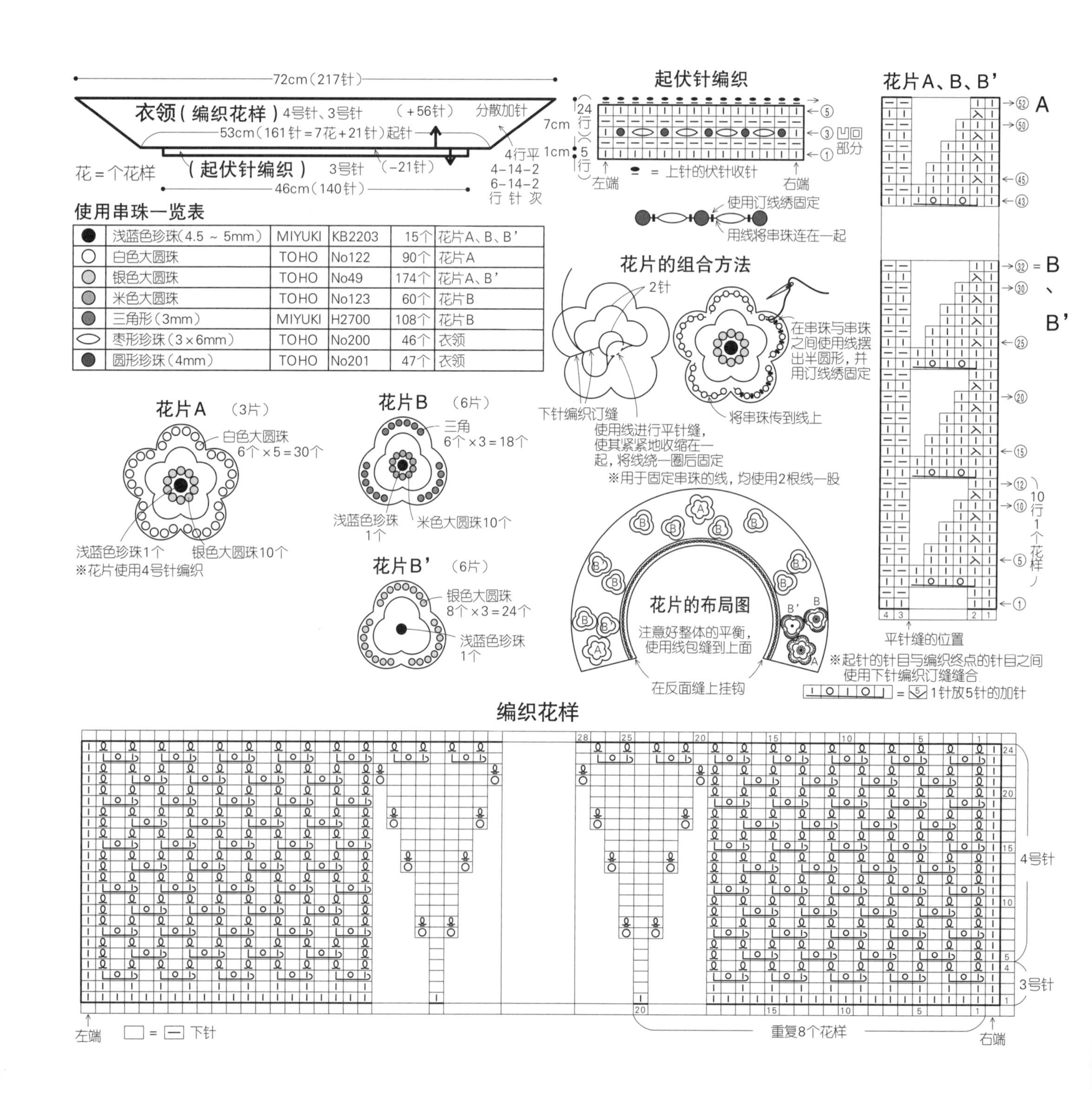

使用串珠一览表

	名称	品牌	编号	数量	用途
●	浅蓝色珍珠(4.5～5mm)	MIYUKI	KB2203	15个	花片A、B、B'
○	白色大圆珠	TOHO	No122	90个	花片A
○	银色大圆珠	TOHO	No49	174个	花片A、B'
○	米色大圆珠	TOHO	No123	60个	花片B
●	三角形（3mm）	MIYUKI	H2700	108个	花片B
⬭	枣形珍珠（3×6mm）	TOHO	No200	46个	衣领
●	圆形珍珠（4mm）	TOHO	No201	47个	衣领

●**材料** 钻石线MSC（细）原色（301）220g/8团

●**工具** 钩针2/0号

●**成品尺寸** 胸围92cm、衣长57cm、连肩袖长27cm

●**编织密度** 10cm×10cm面积内 编织花样：33针，14行；花片直径6 cm

●**编织要点** ①在身片下摆使用锁针起针，钩编编织花样。肋部的加减针参照图1，最后1行和下摆钩编1行短针进行固定。②参照图2，按照图中号码的顺序，钩编连接育克部分的花片。然后在花片间的空隙，钩编连接上小部件a、b、c。③肋部使用锁针缝接缝，下摆参照图2，先钩编连接花片，再钩编连接小部件b。

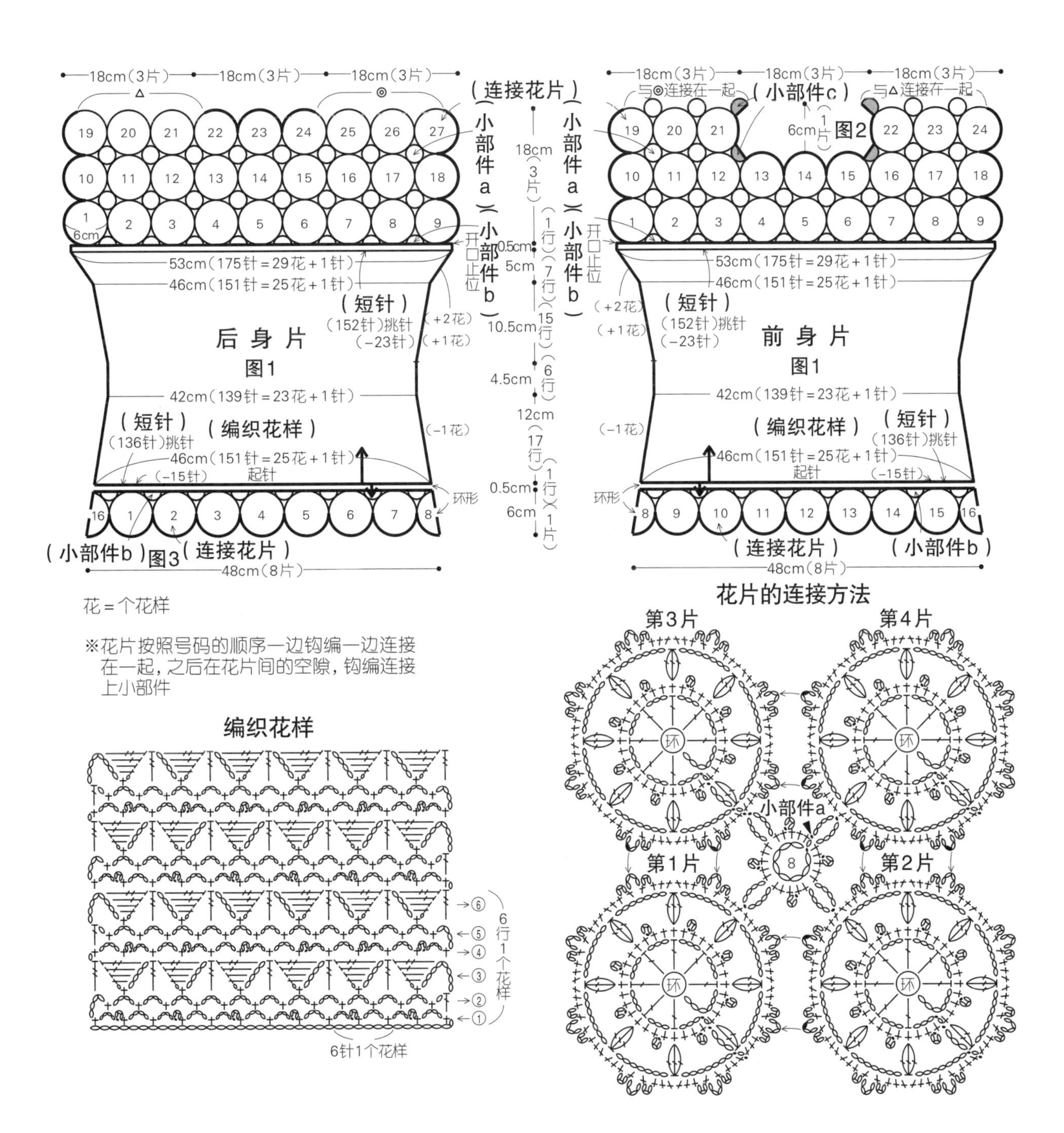

图1 前后身片、编织花样

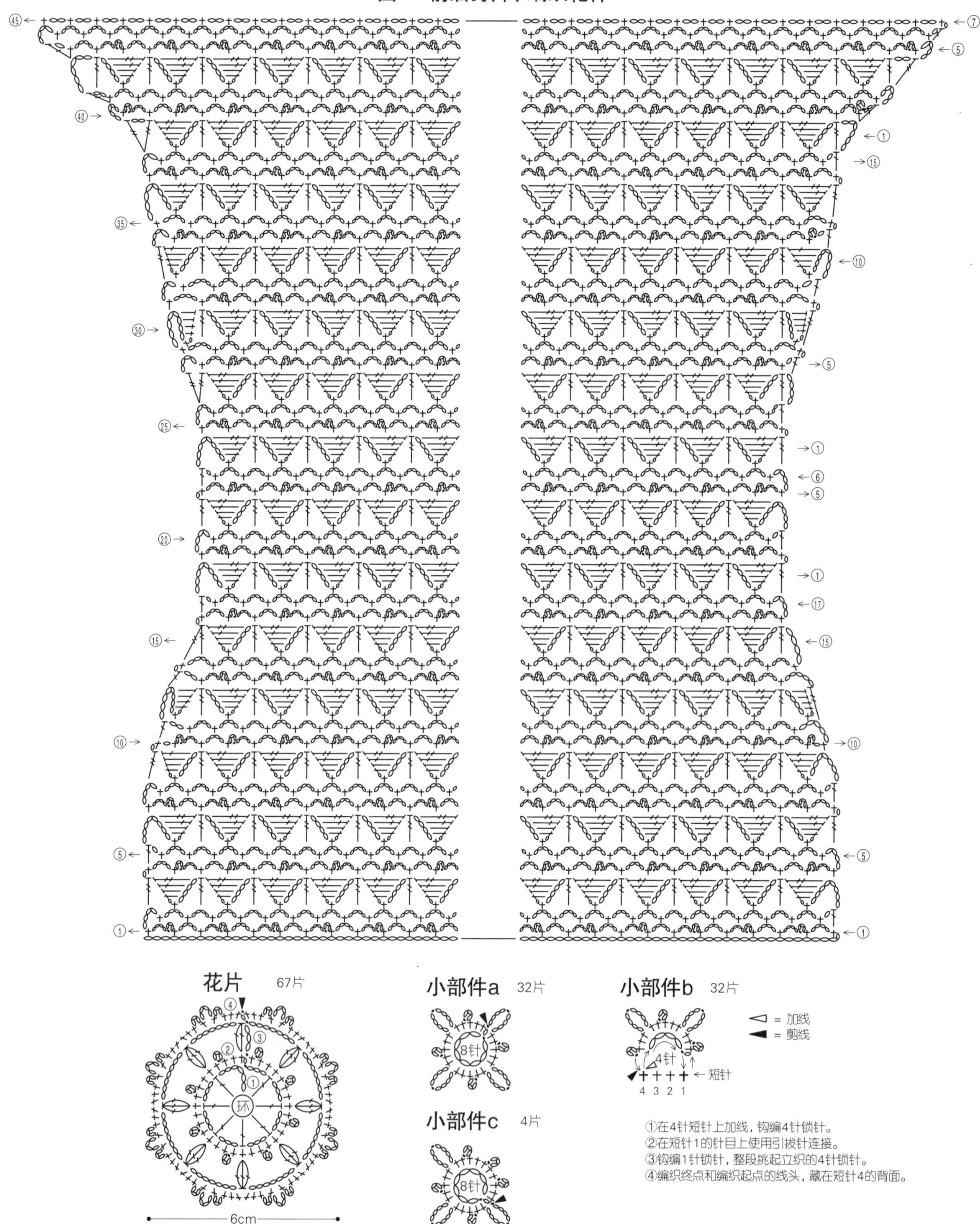

花片 67片
6cm
环
小部件a 32片
8针
小部件b 32片
4针
短针
4 3 2 1
= 加线
= 剪线
小部件c 4片
8针
①在4针短针上加线，钩编4针锁针。
②在短针1的针目上使用引拔针连接。
③钩编1针锁针，整段挑起立织的4针锁针。
④编织终点和编织起点的线头，藏在短针4的背面。

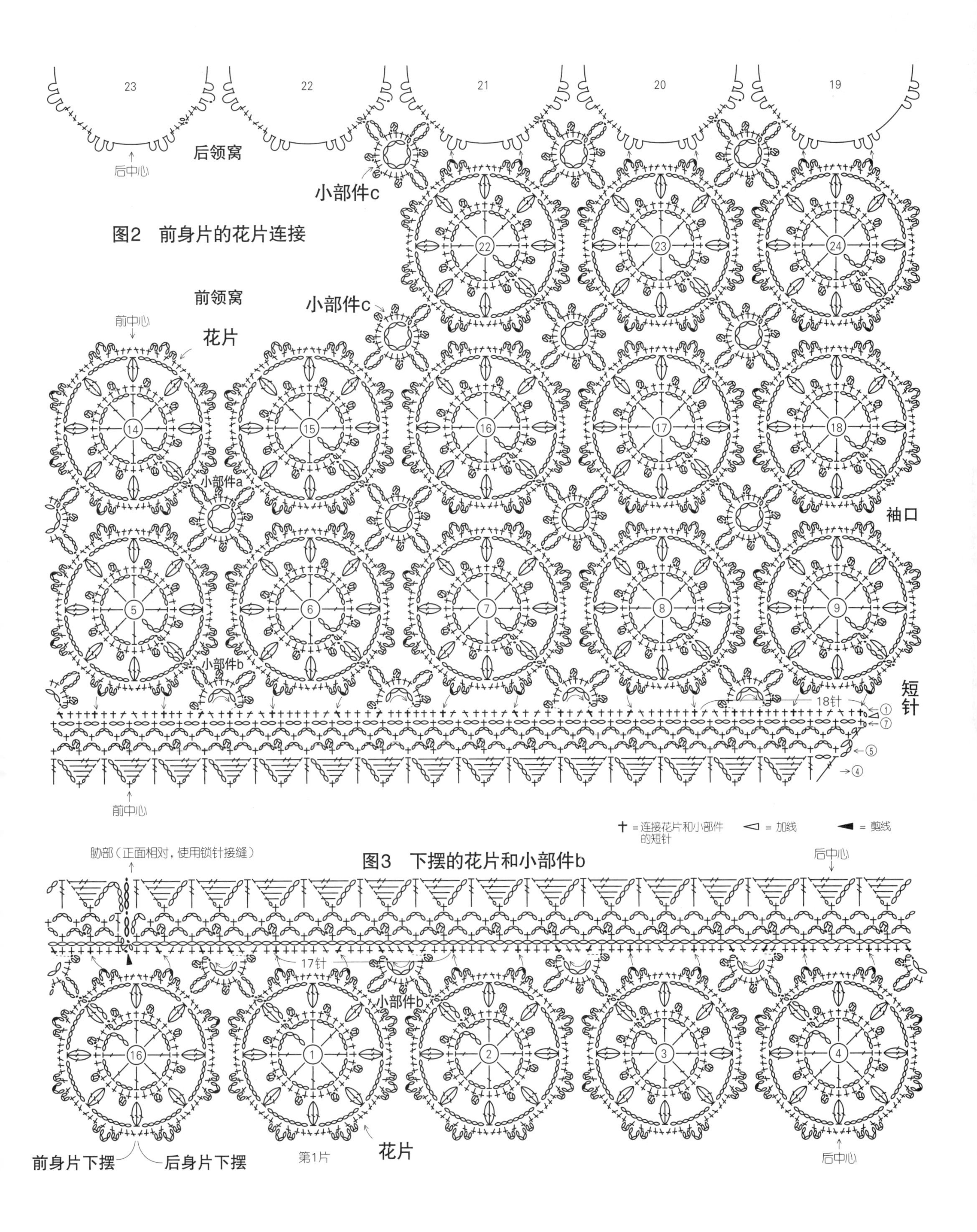
23
22
21
20
19
后领窝
后中心
小部件c
图2 前身片的花片连接
前领窝
小部件c
前中心
花片
14
15
16
17
18
22
23
24
小部件a
袖口
5
6
7
8
9
小部件b
短针
18针
①
⑦
⑤
④
前中心
+ =连接花片和小部件的短针
◁ = 加线
◀ = 剪线
肋部（正面相对，使用锁针接缝）
图3 下摆的花片和小部件b
后中心
17针
小部件b
16
1
2
3
4
前身片下摆
后身片下摆
第1片
花片
后中心

page6

4

●**材料** 钻石线MSC(细)黑色(315)275g/10团，直径1.2cm的纽扣6颗

●**工具** 钩针2/0号

●**成品尺寸** 胸围97cm、肩宽36cm、衣长54.5cm、袖长21cm

●**编织密度** 10cm×10cm面积内 编织花样：34针，16行；花片：纵向8cm，横向8.6cm

●**编织要点** ①在下摆使用锁针起针，钩编编织花样。参照图1、图2，钩编肋部、袖窿、肩斜线、领窝。②衣袖是参照图3，钩编袖下、袖山。③肋部、袖下使用锁针缝接缝，肩部使用锁针缝订缝。④前襟和衣领、袖口做边缘编织，袖口要钩编成环形。⑤在下摆挑取指定数目的针目，钩编1行短针，进行固定。⑥花片是参照图4按照号码的顺序钩编，在最后1行使用短针连接在一起。从第2片花片开始，每一片花片都连接着前一片花片进行钩编，一共钩编12片。⑦使用锁针缝将衣袖与身片缝合。⑧利用收边编织的花样做扣眼，并在左前襟对应的位置上缝上纽扣。

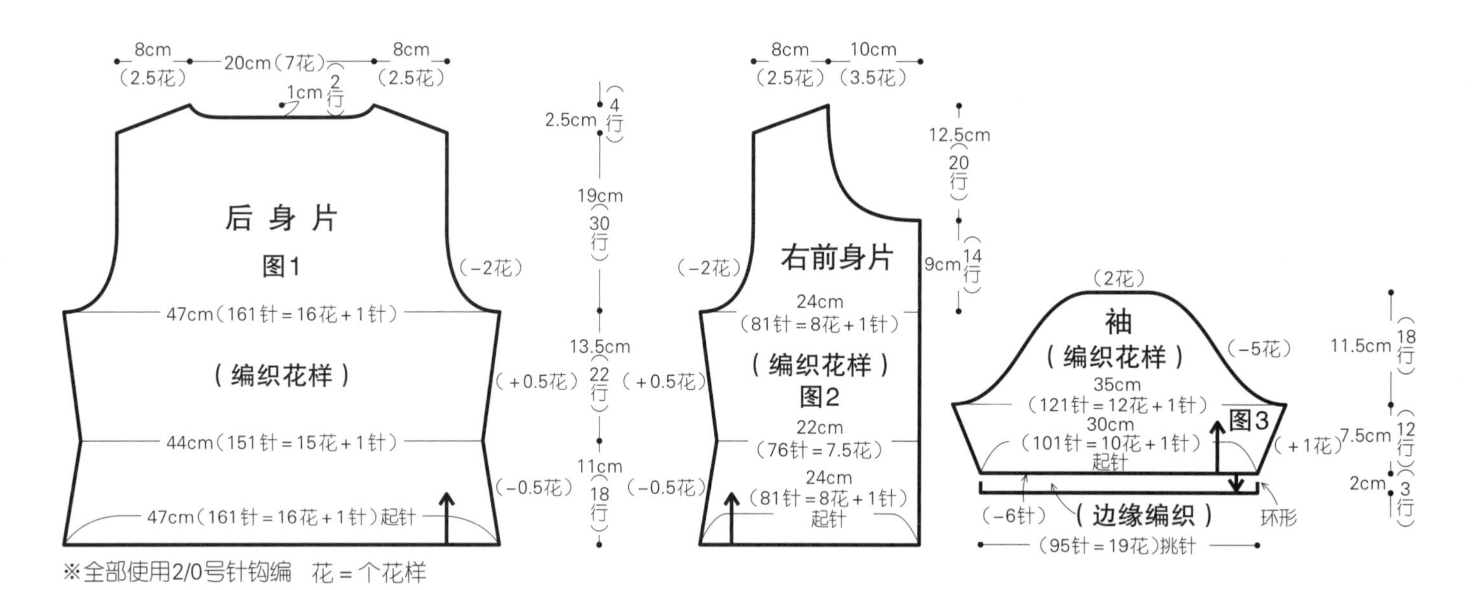

※全部使用2/0号针钩编 花=个花样

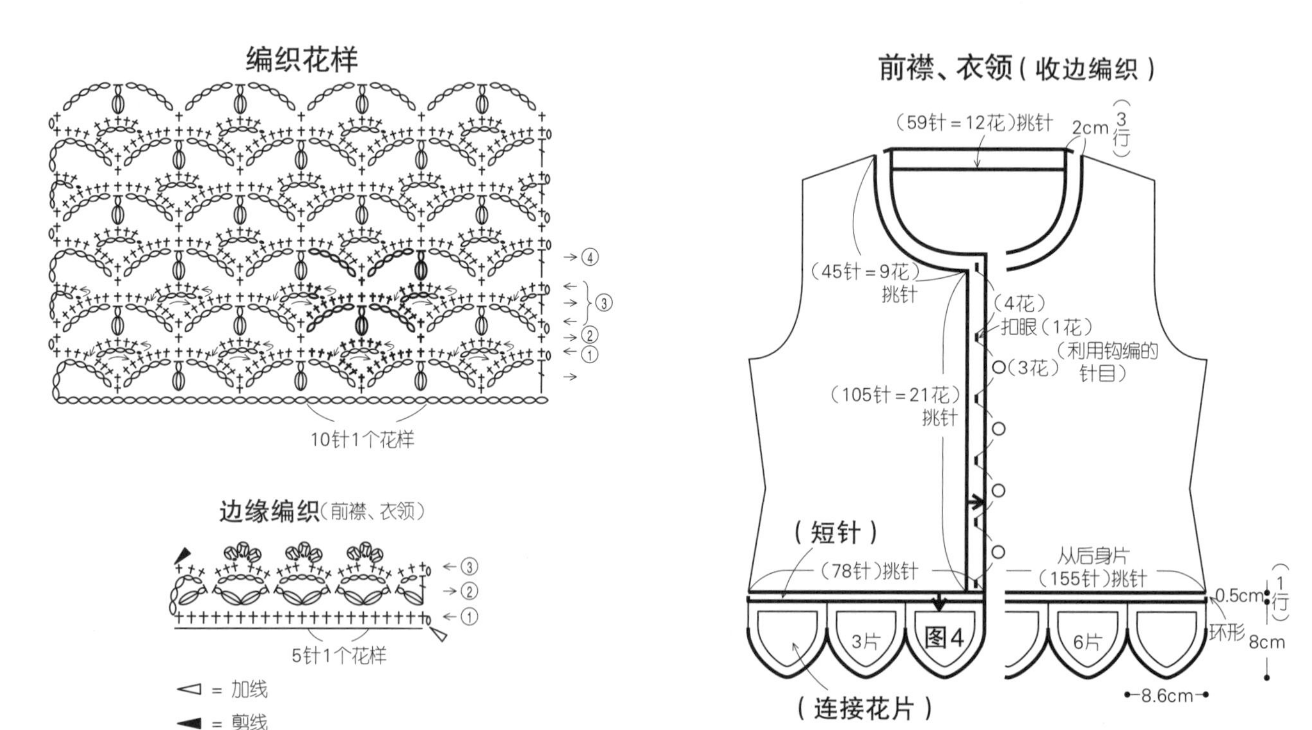

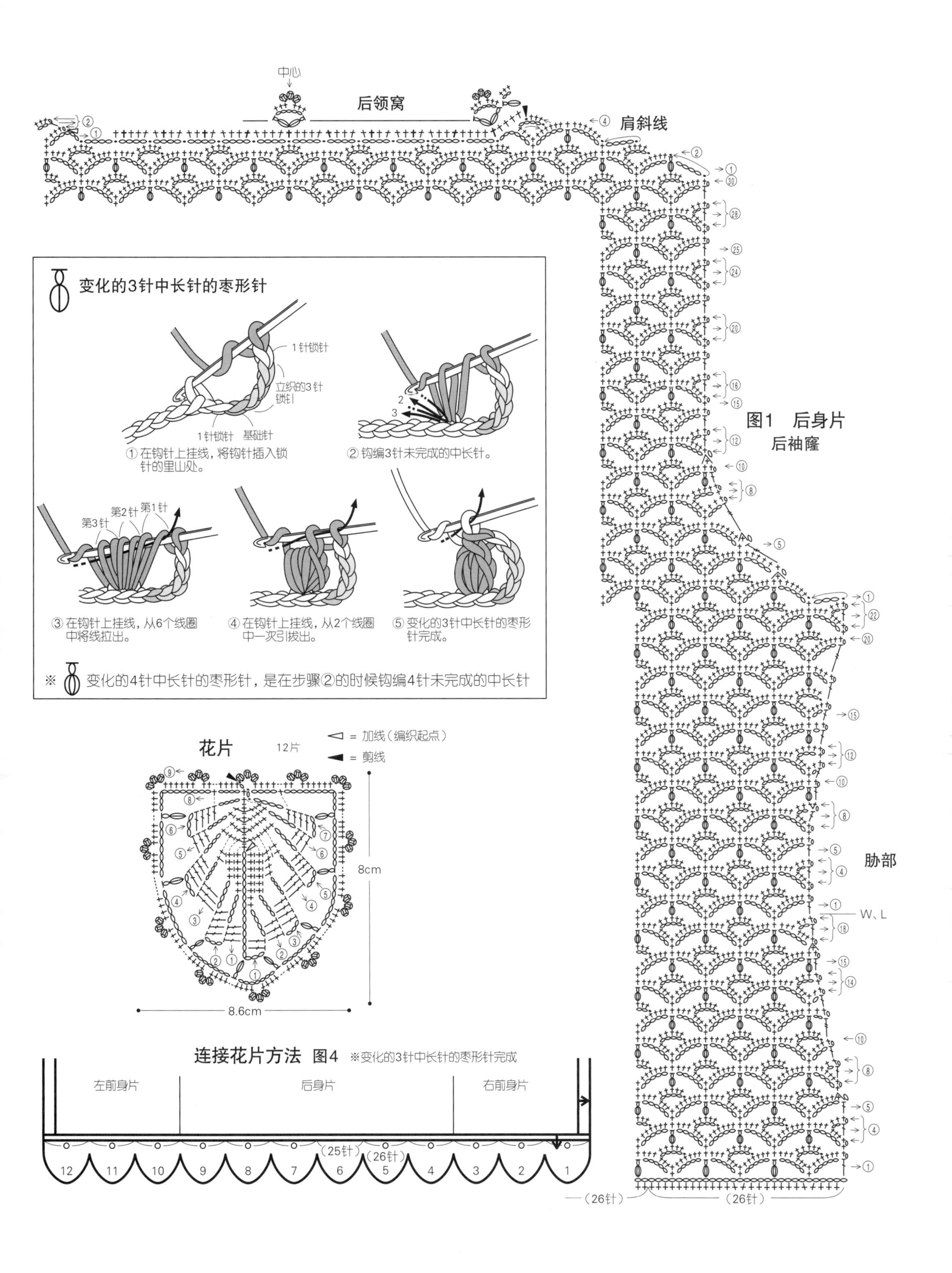

中心
后领窝
肩斜线
图1　后身片
后袖窿
胁部
W、L
（26针）
（26针）
变化的3针中长针的枣形针
1针锁针
立织的3针锁针
1针锁针　基础针
① 在钩针上挂线，将钩针插入锁针的里山处。
② 钩编3针未完成的中长针。
第3针　第2针　第1针
③ 在钩针上挂线，从6个线圈中将线拉出。
④ 在钩针上挂线，从2个线圈中一次引拔出。
⑤ 变化的3针中长针的枣形针完成。
※ 变化的4针中长针的枣形针，是在步骤②的时候钩编4针未完成的中长针
花片
12片
= 加线（编织起点）
= 剪线
8cm
8.6cm
连接花片方法　图4
※变化的3针中长针的枣形针完成
左前身片
后身片
右前身片
（25针）
（26针）

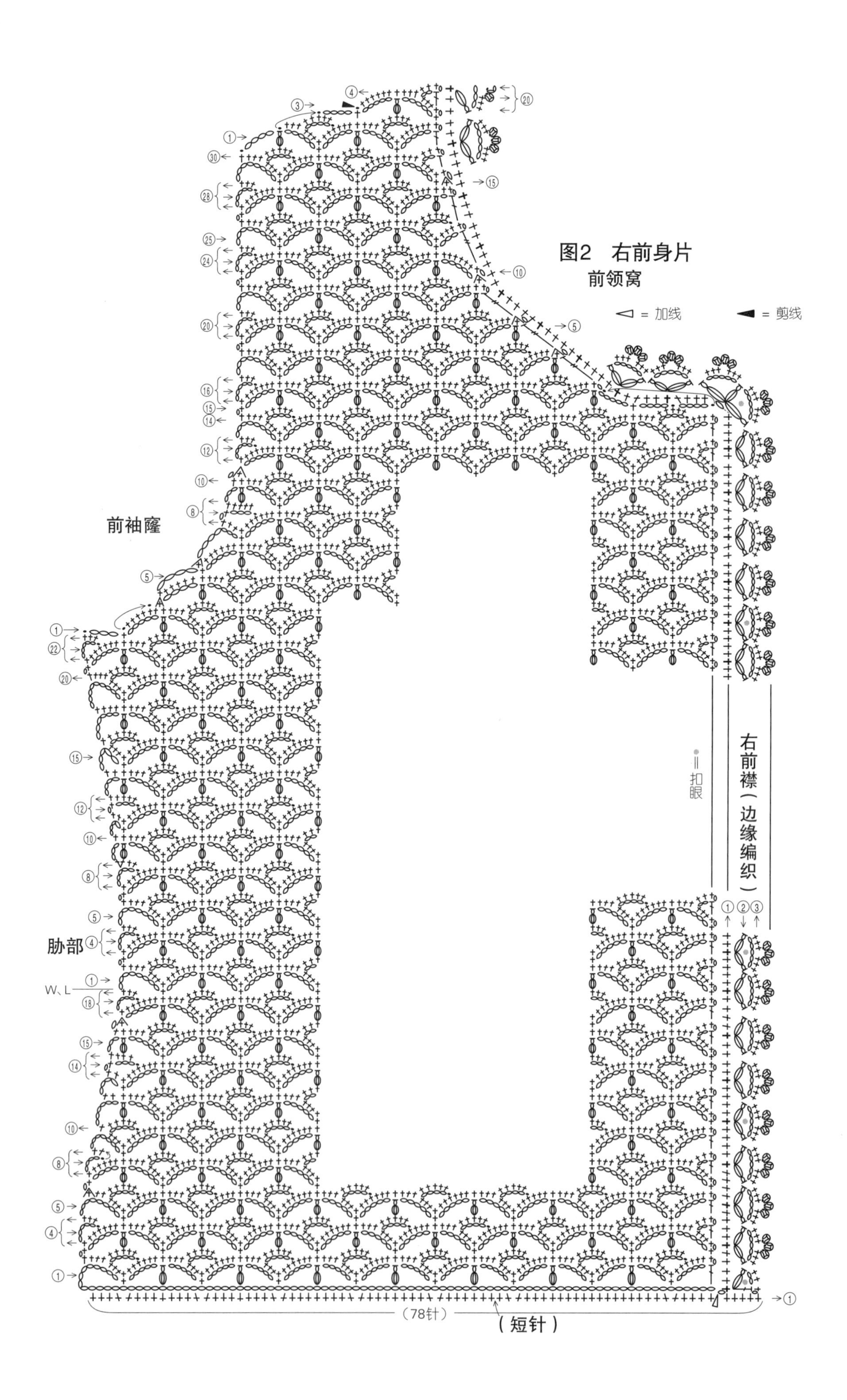

图2　右前身片
前领窝
◁ = 加线
◀ = 剪线
前袖窿
胁部
W、L
●＝扣眼
右前襟（边缘编织）
（78针）
（短针）

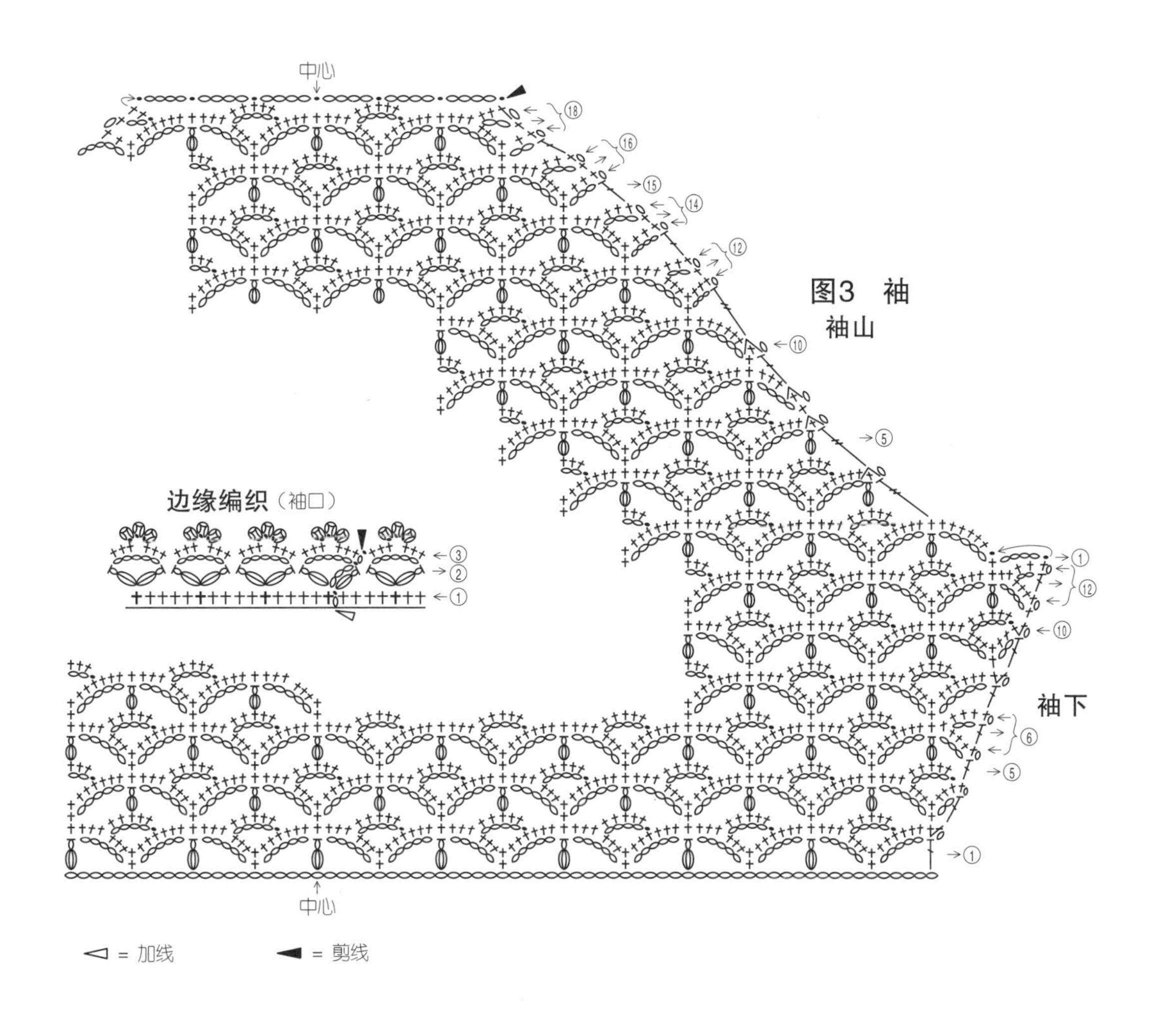
中心
图3 袖
袖山
边缘编织（袖口）
袖下
中心
◁ = 加线
◀ = 剪线

图4 花片的连接方法

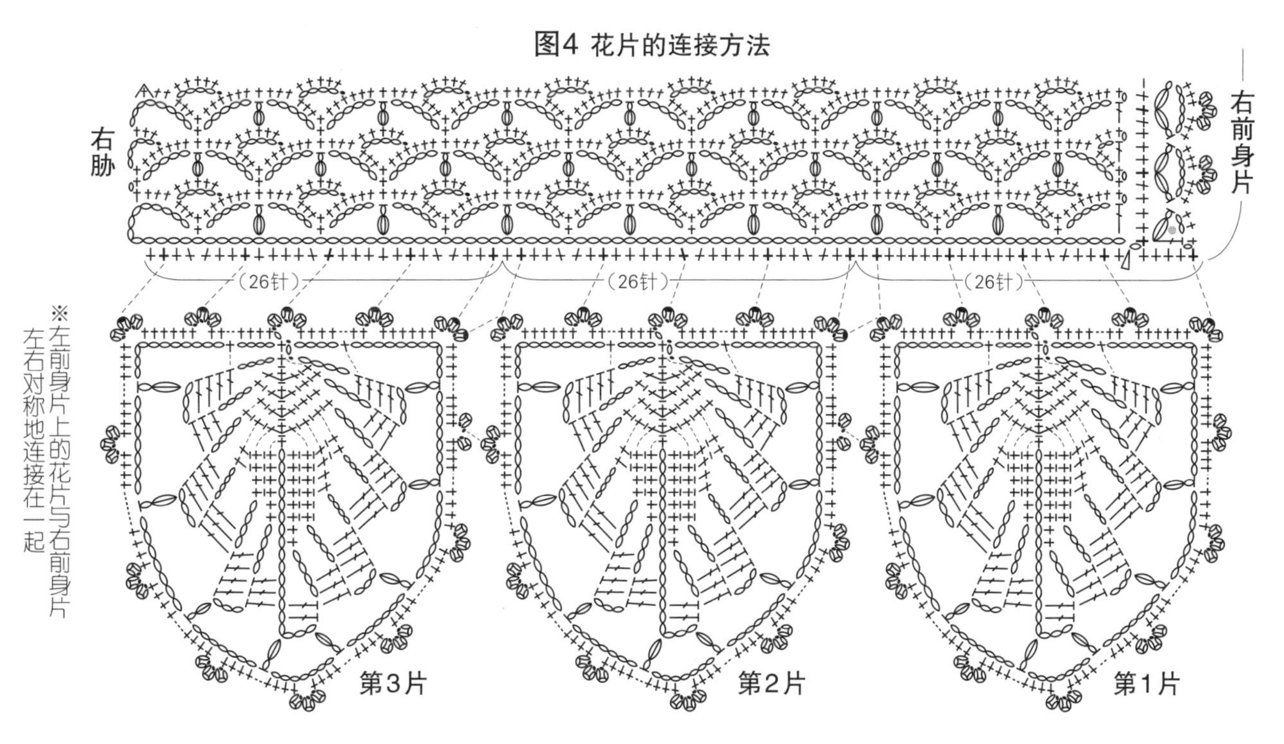
右胁
右前身片
(26针)
(26针)
(26针)
第3片
第2片
第1片
※左前身片上的花片与右前身片左右对称地连接在一起

●**材料** 钻石线MSL（粗）原色（213）330g11/团，直径1.6cm的纽扣6颗

●**工具** 棒针4号、3号

●**成品尺寸** 胸围95cm、肩宽34cm、衣长54cm、袖长37cm

●**编织密度** 10cm×10cm面积内 编织花样A、A'、B均为：31针，36行；编织花样C、起伏针编织均为：32针，48.5行

●**编织要点** ①在下摆使用另线锁针起针，参照图1、图2编织编织花样。②一边解开下摆的起针，一边挑针编织起伏针2行，编织终点使用上针的伏针收针。③参照图3编织衣袖。④衣领、前襟使用手指挂线起针，参照图4、图5进行编织。左前身片的后领，比右前身片少织1行，在后身片中心使用盖针缝订缝收针。⑤肩部使用盖针缝订缝，胁部、袖下使用挑针缝接缝。衣领、前襟与前身片的侧边、前领窝，使用挑针缝接缝，后领窝使用针与行的订缝。⑥袖子与身片引拔缝合。

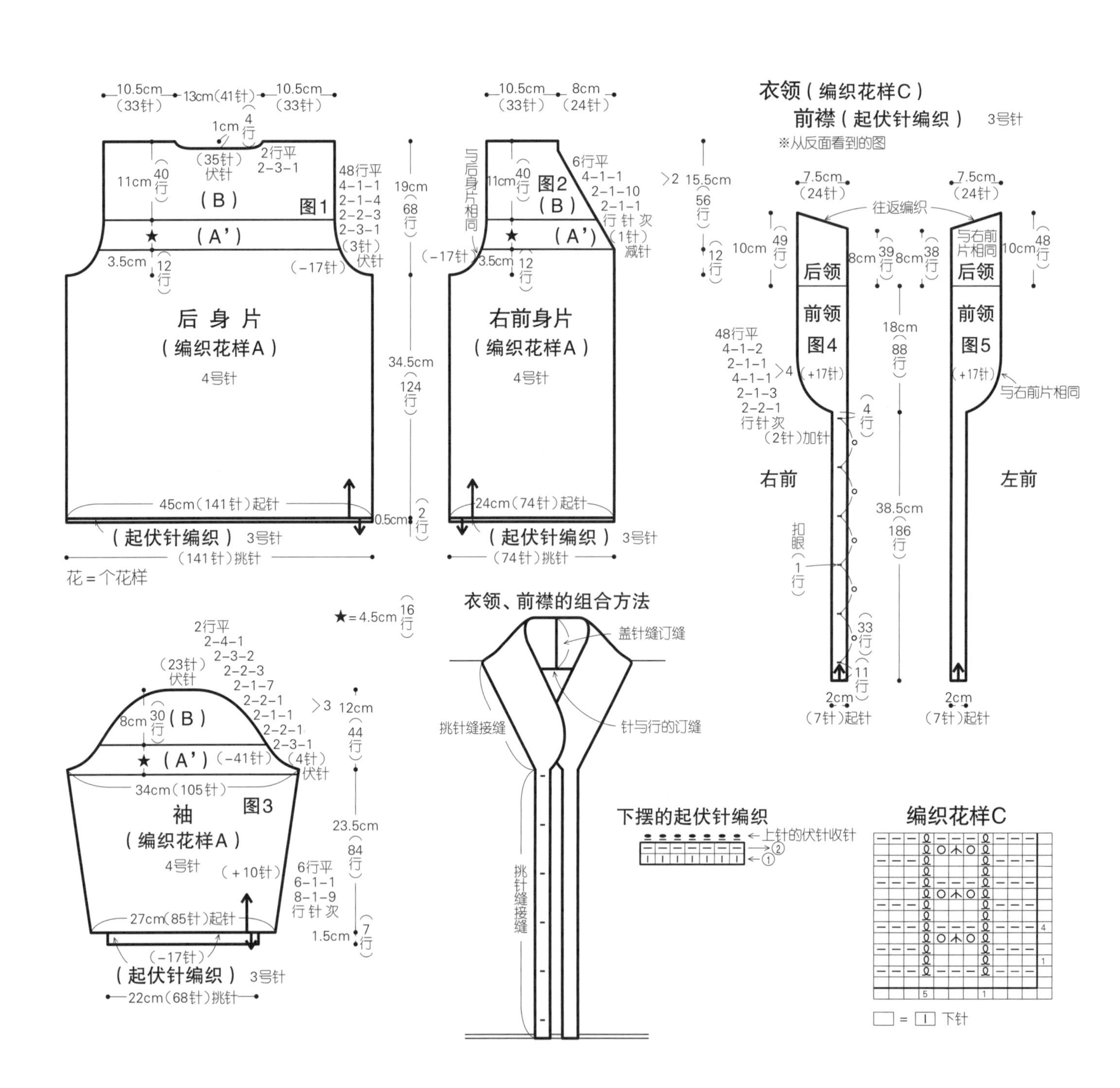

编织花样

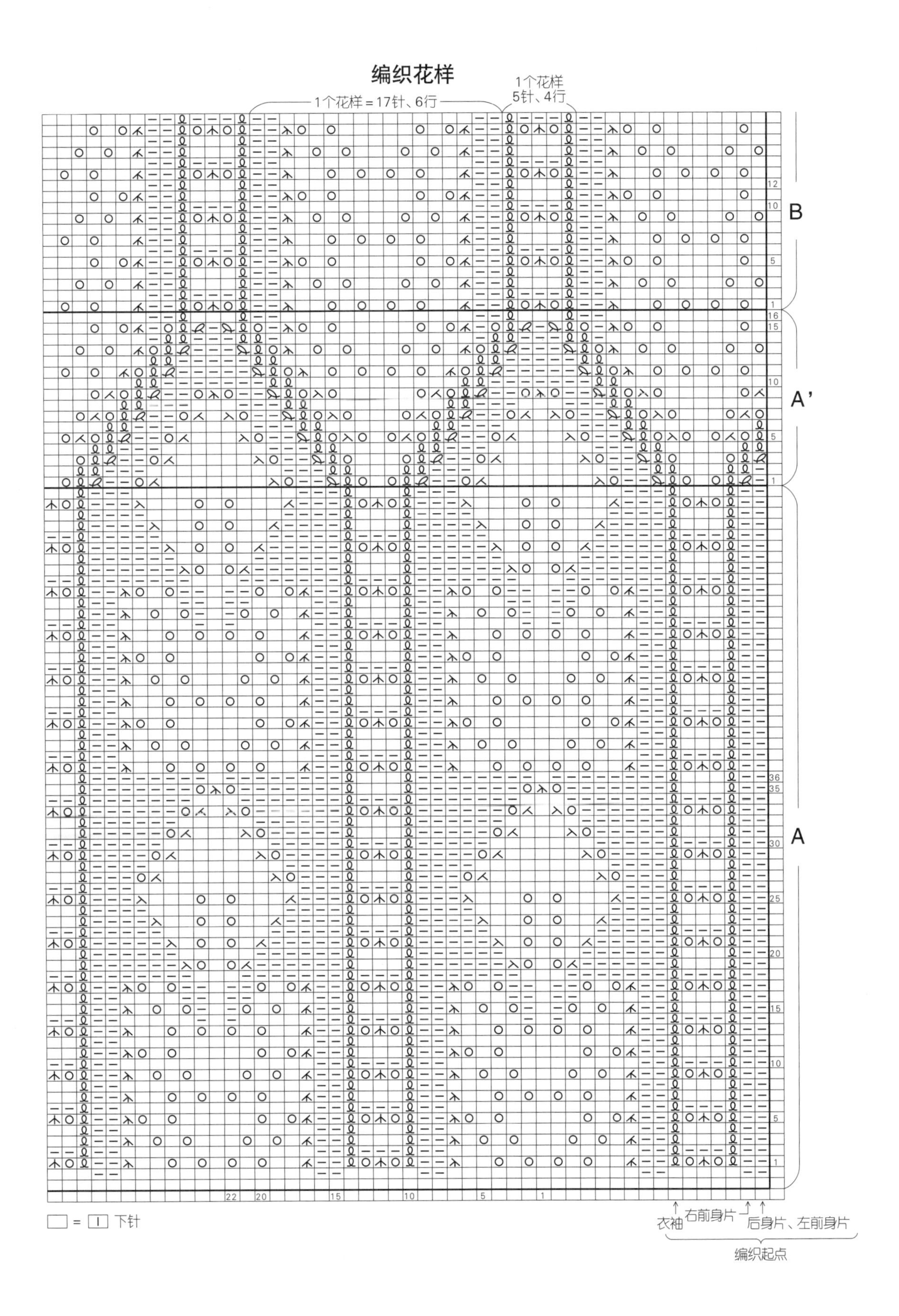

□ = ⊡ 下针

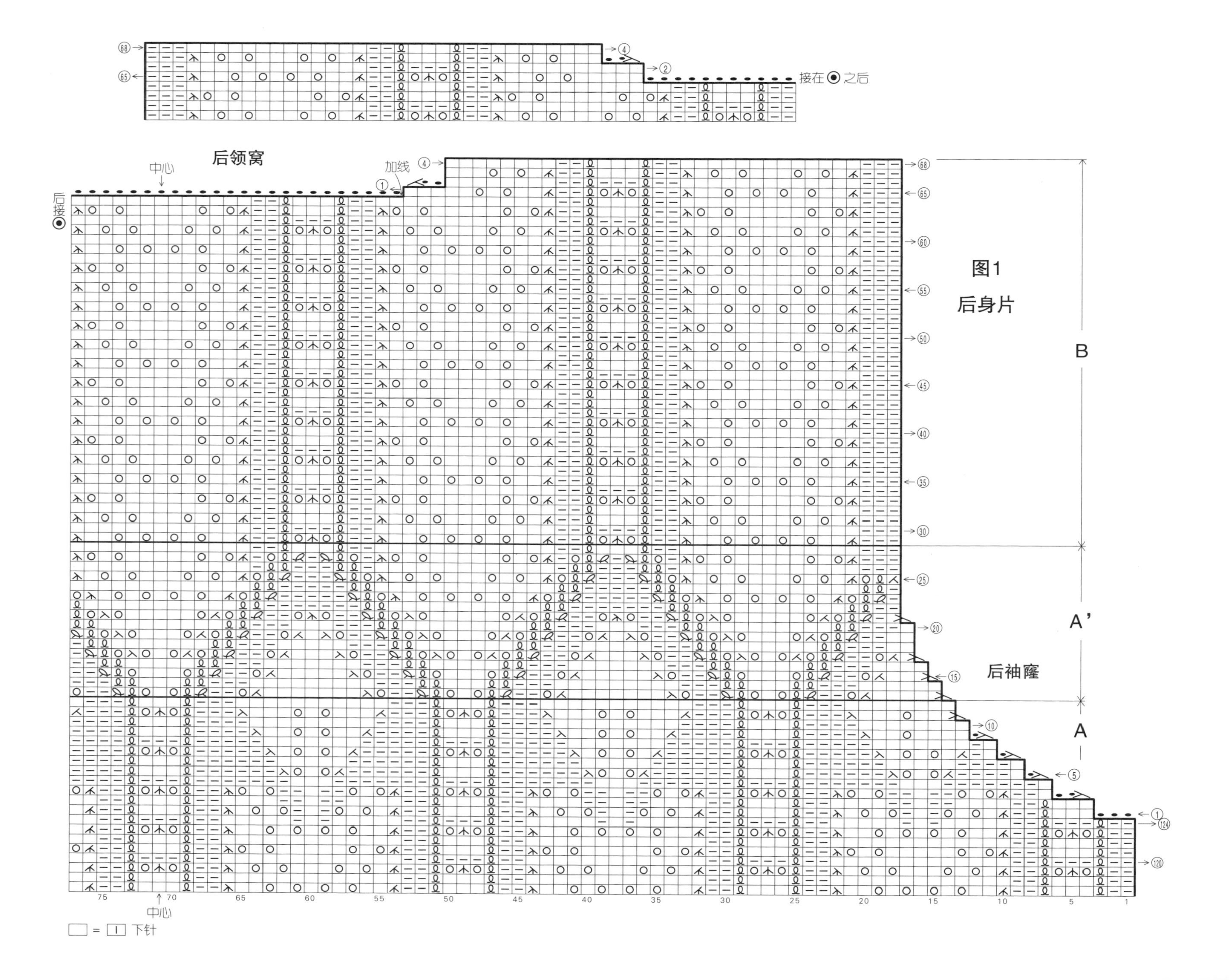
接在⊙之后
后领窝
中心
加线
后接⊙
图1
后身片
B
A'
后袖窿
A
中心
□ = □ 下针

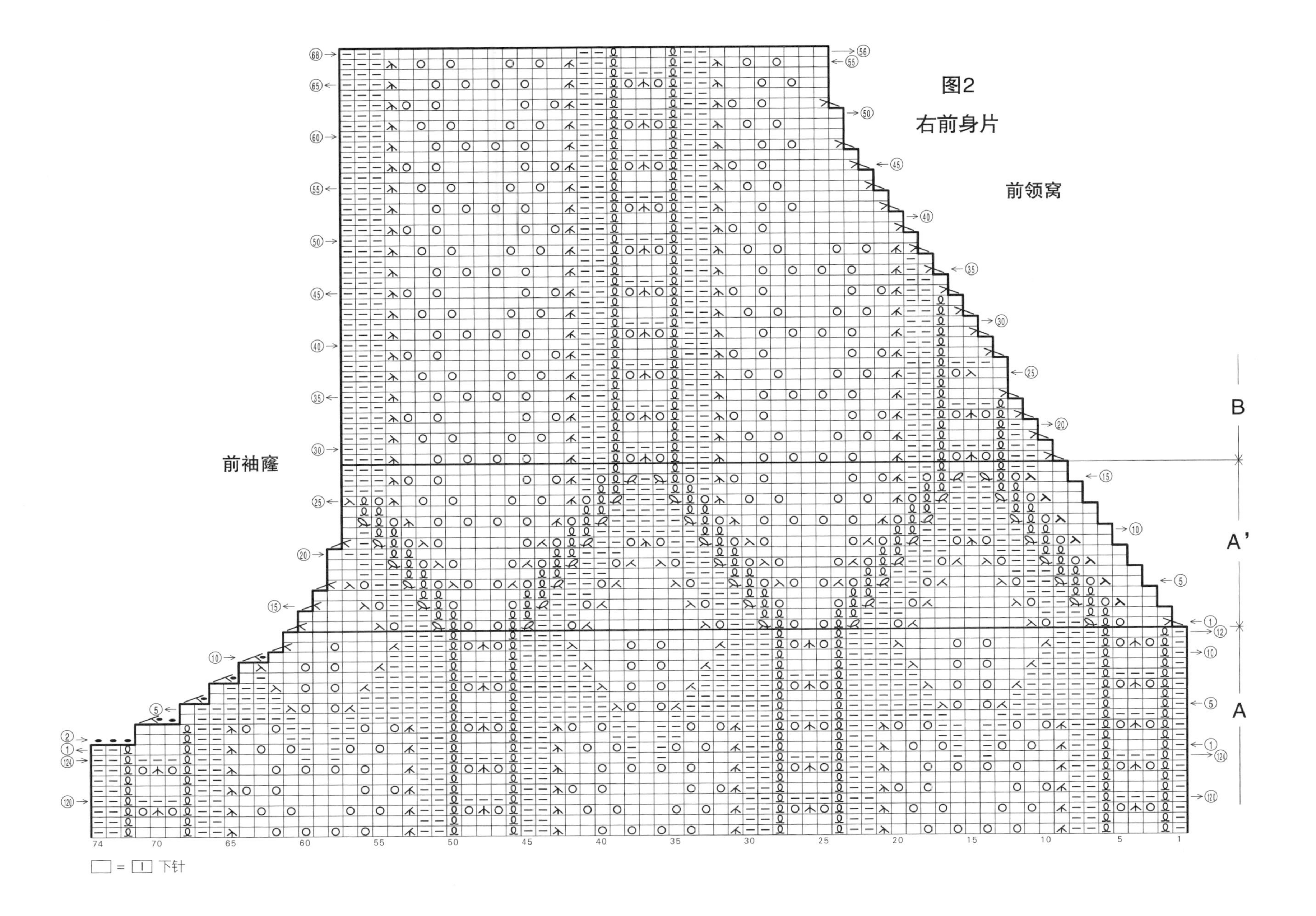
图2
右前身片
前领窝
前袖窿
B
A'
A
□ = □ 下针

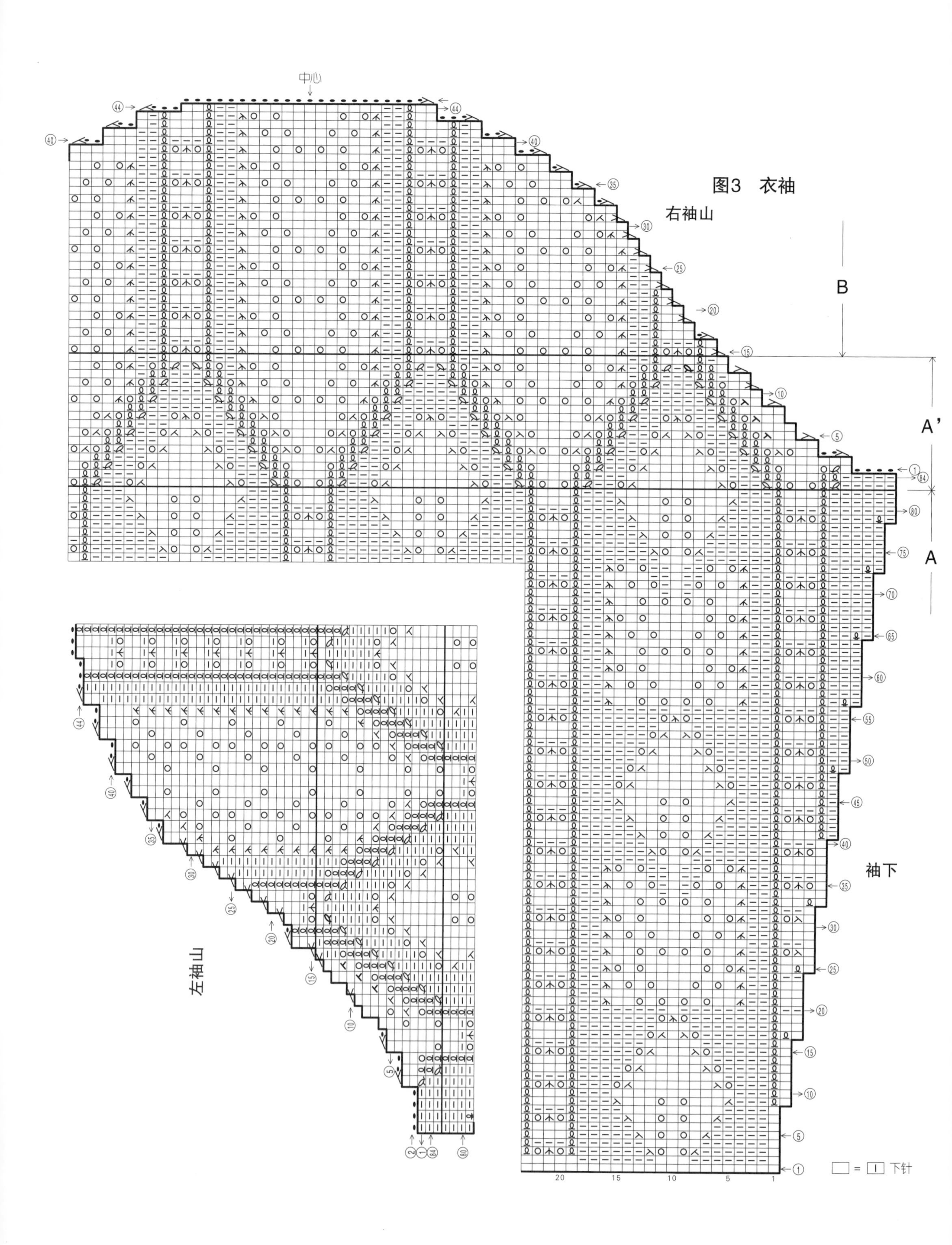

图3 衣袖
右袖山
左袖山
袖下
中心
B
A'
A
□ = Ⅰ 下针

图4 右前襟、衣领

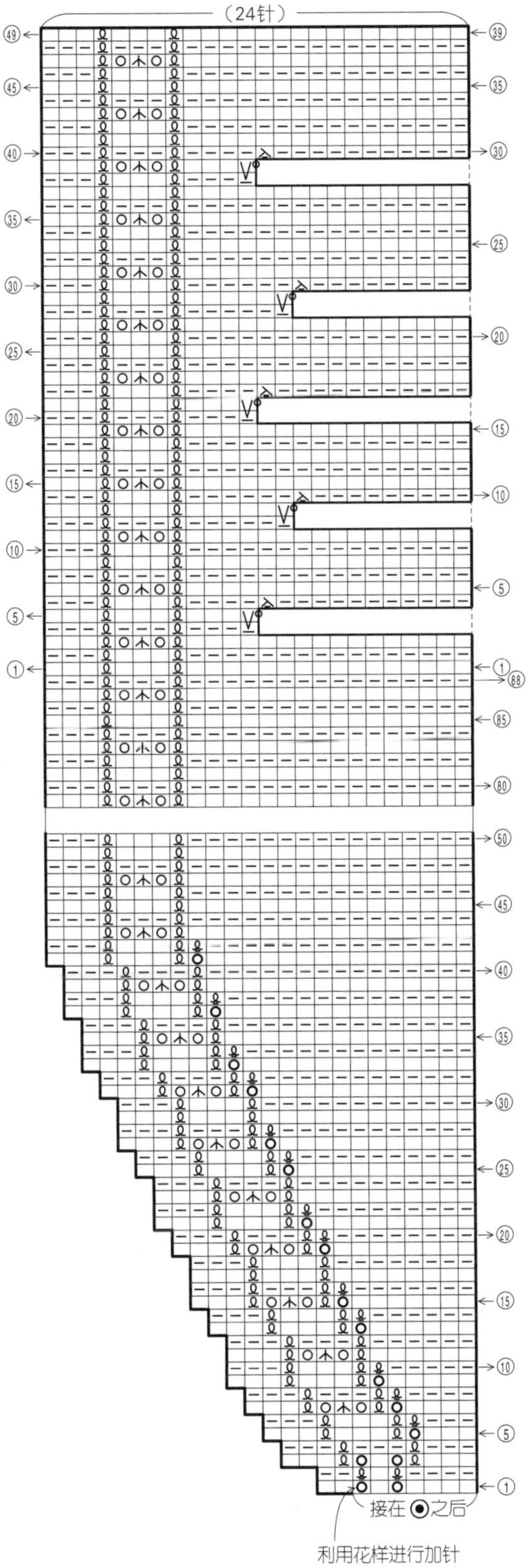

图5 左后领的往返编织

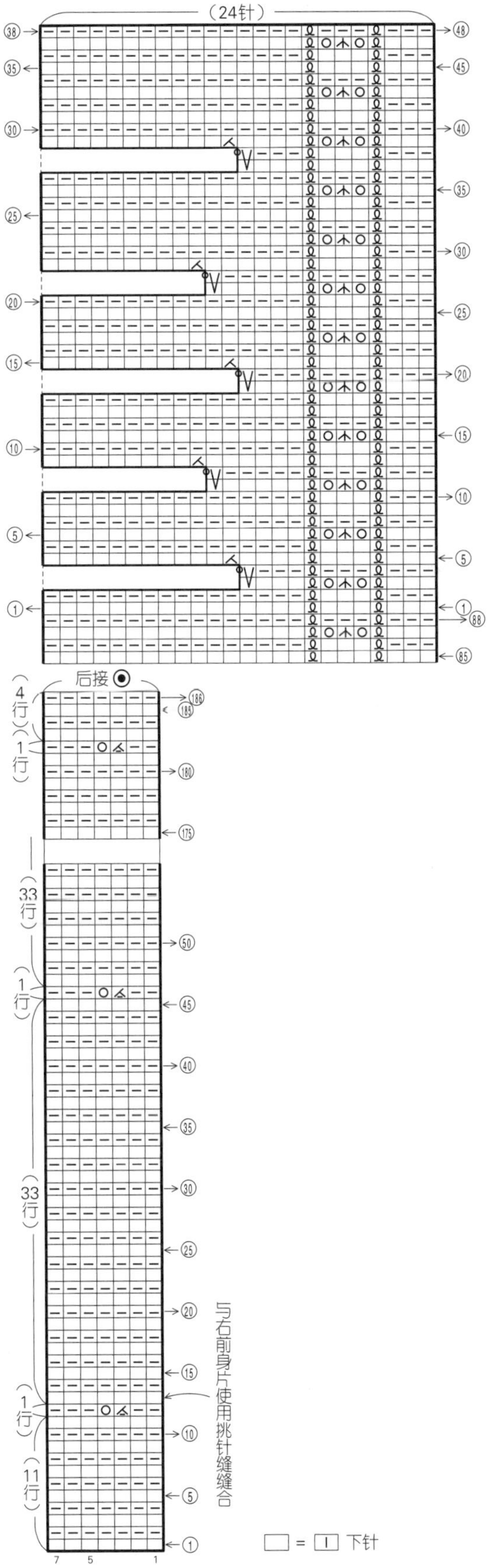

●**材料** 钻石线MSY(粗)草绿色(613) 260g/9团

●**工具** 棒针5号、4号，钩针4/0号

●**成品尺寸** 胸围96cm、衣长53cm、连肩袖长27cm

●**编织密度** 编织花样A的花片：16cm×16cm；编织花样A：10cm为22.5针

●**编织要点** ①编织花样A使用针织蕾丝的中心起针方法起针，参照图1，环形编织30行，编织终点加入另线停针。②将刚刚停针的花片移至4根棒针上，将编织图相同符号★之间正面相对，参照图2使用卷针收针。4片连接在一起的花片的中心的线头的处理方法是，将卷针收针的线头留着正面，挑取3针并1针的4个针目，穿2圈后，收紧。肩部、胁部使用盖针缝订缝。③下摆使用编织花样B，右袖口使用编织花样B'，左袖口使用编织花样B"，使用手指挂线起针，编织终点与起针的针目使用下针编织订缝缝合，与身片之间使用针与行的订缝缝合。④在领口做环形挑针，编织编织花样C。

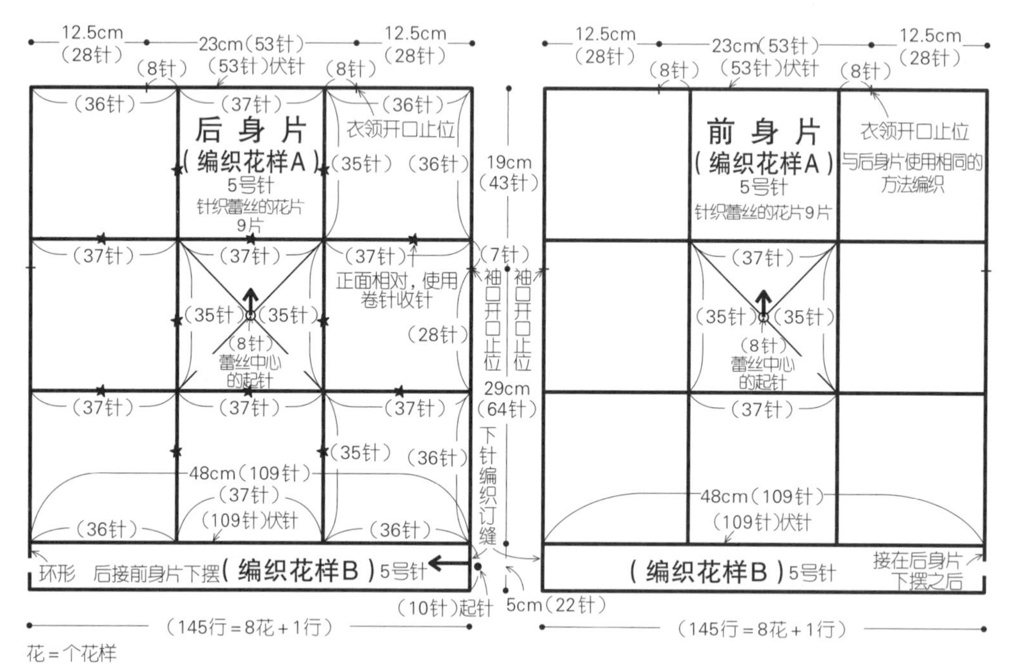

针与行的订缝

①挑取1行，在内侧的2针处插入缝针（在同1针目中共插入2次缝针）。

②为了调整行（行比较多的情况）与针，有时也会一次挑取2行。

编织花样A (1个花样=36针，30行)全部共(36针)×4个花样=(144针)

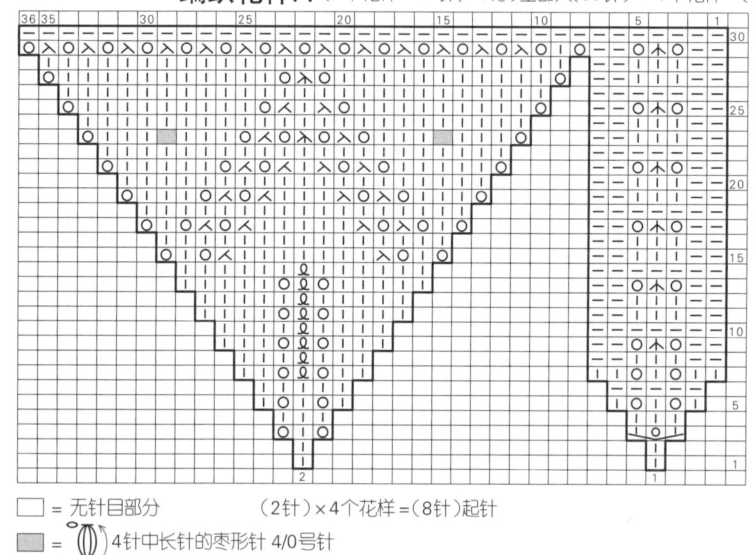

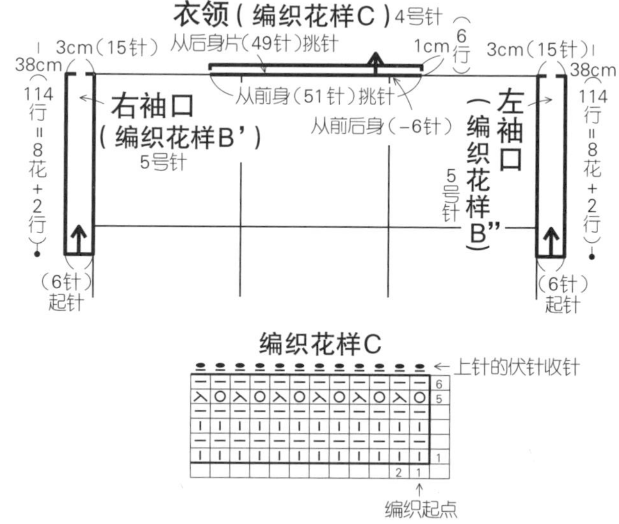

下摆 编织花样B

（1个花样＝10～22针、18行）

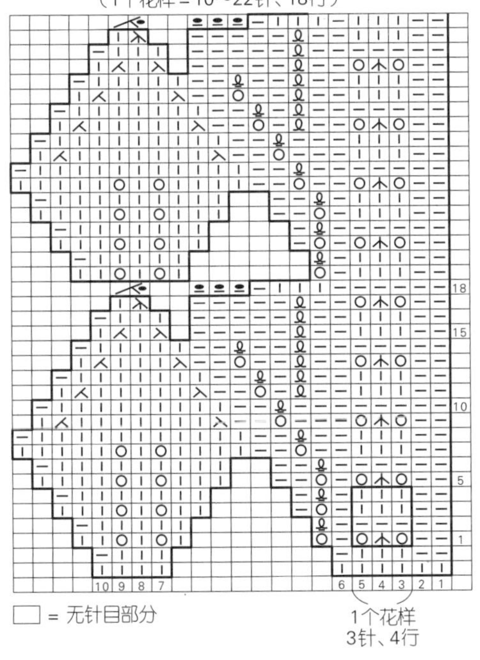

□ ＝无针目部分

1个花样
3针、4行

右袖口 编织花样B'

（1个花样＝6～15针、14行）

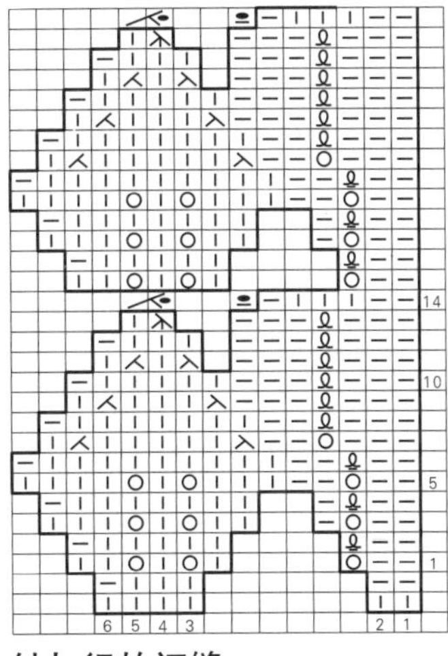

左袖口 编织花样B"

（1个花样＝6～15针、14行）

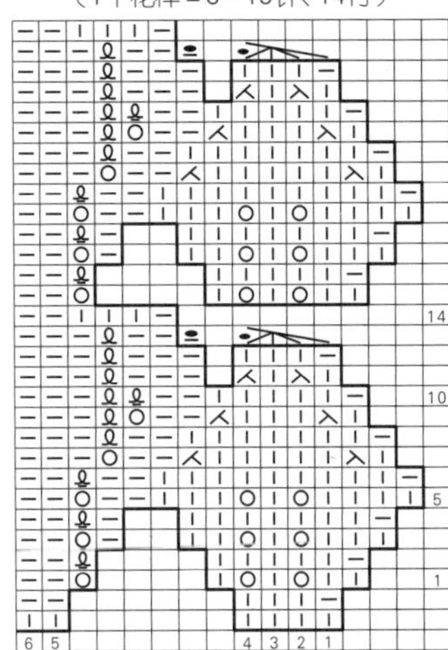

针与行的订缝

※身片的109针与下摆的145行要均匀地订缝在一起（－36行）

※身片的43针与袖口的57行要均匀地订缝在一起（－14行）

图1

蕾丝花片

编织花样A

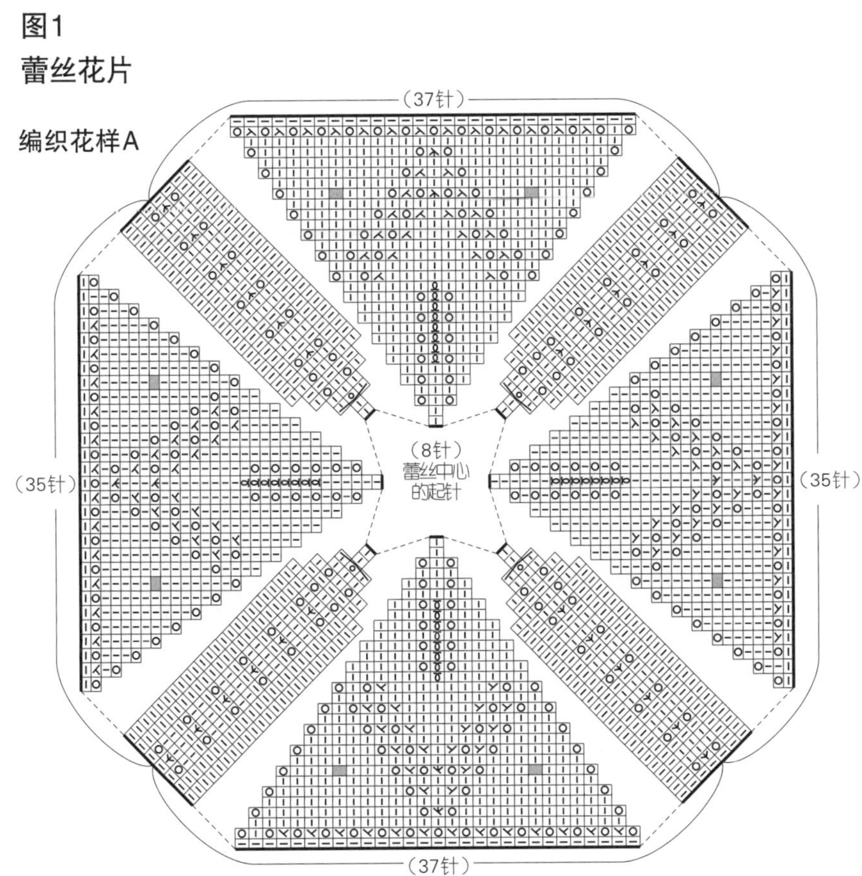

蕾丝中心的起针方法

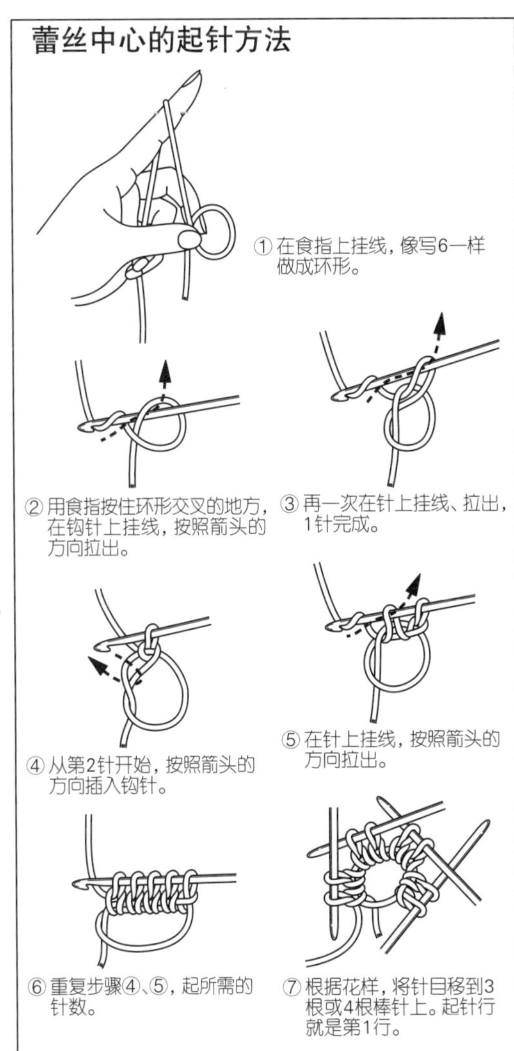

图2 花片的连接方法

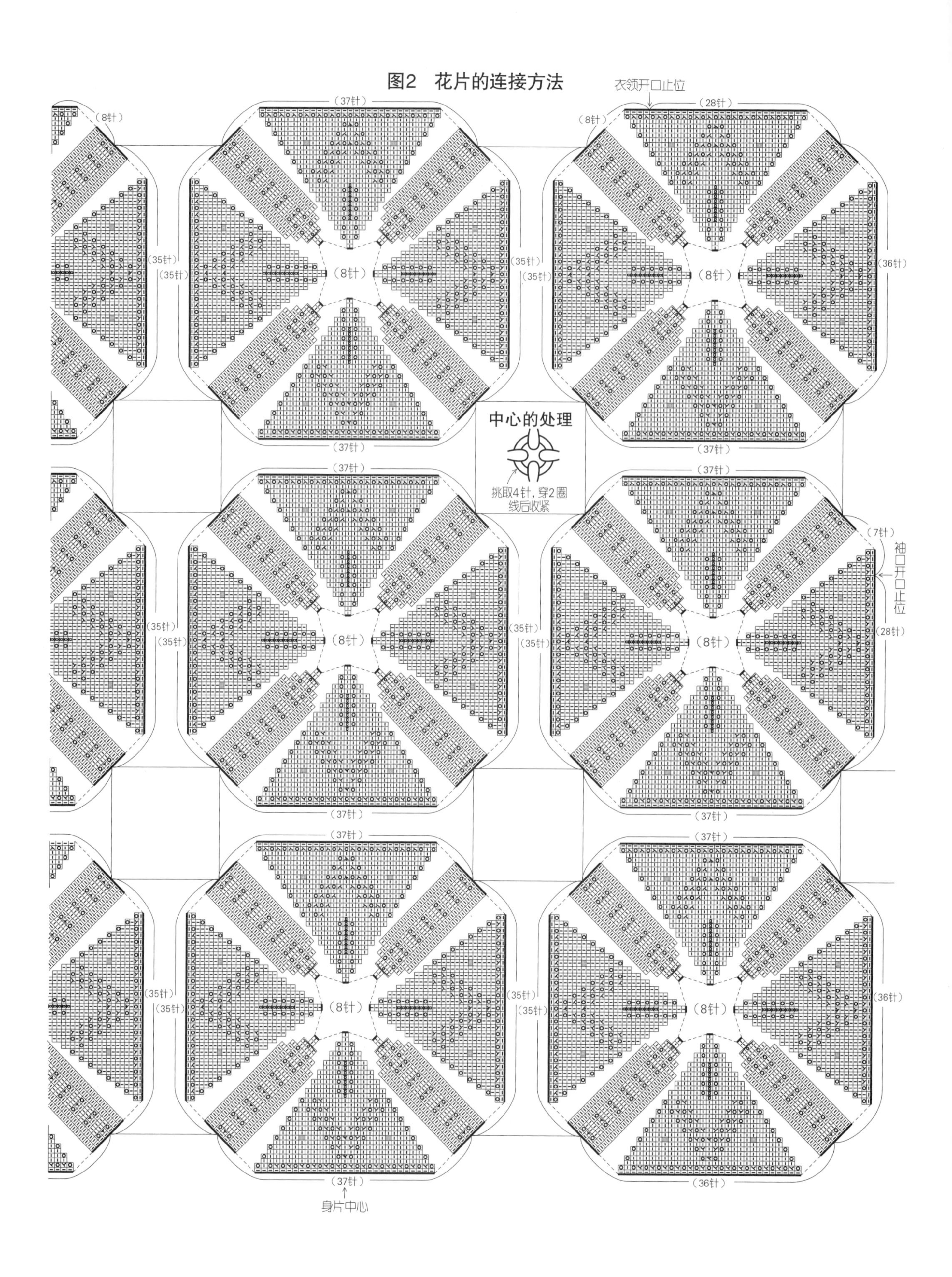

9

●**材料** 钻石线MSN(粗)灰褐色(811) 270g/9团，直径2.5cm的包扣1颗

●**工具** 棒针5号、3号、2号

●**成品尺寸** 胸围94cm、肩宽37cm、衣长49cm、袖长20.5cm

●**编织密度** 10cm×10cm面积内 编织花样A：25针，35行

●**编织要点** ①在下摆使用另线锁针起针，编织编织花样A。参照图1、图2，袖窿、领窝使用伏针与侧边1针立式减针进行编织。②一边解开下摆的另线锁针起针，一边挑针编织编织花样B，编织终点使用扭针的单罗纹针收针。③衣袖与身片使用同样的方法起针。参照图3，袖下在内侧1针处织扭针加针，袖山使用伏针与侧边1针立式减针进行编织。袖口编织编织花样B。④肩部使用盖针缝订缝，胁部、袖下使用挑针缝接缝。⑤编织衣领和前襟，在右前襟上制作扣眼。衣袖使用引拔针接缝。

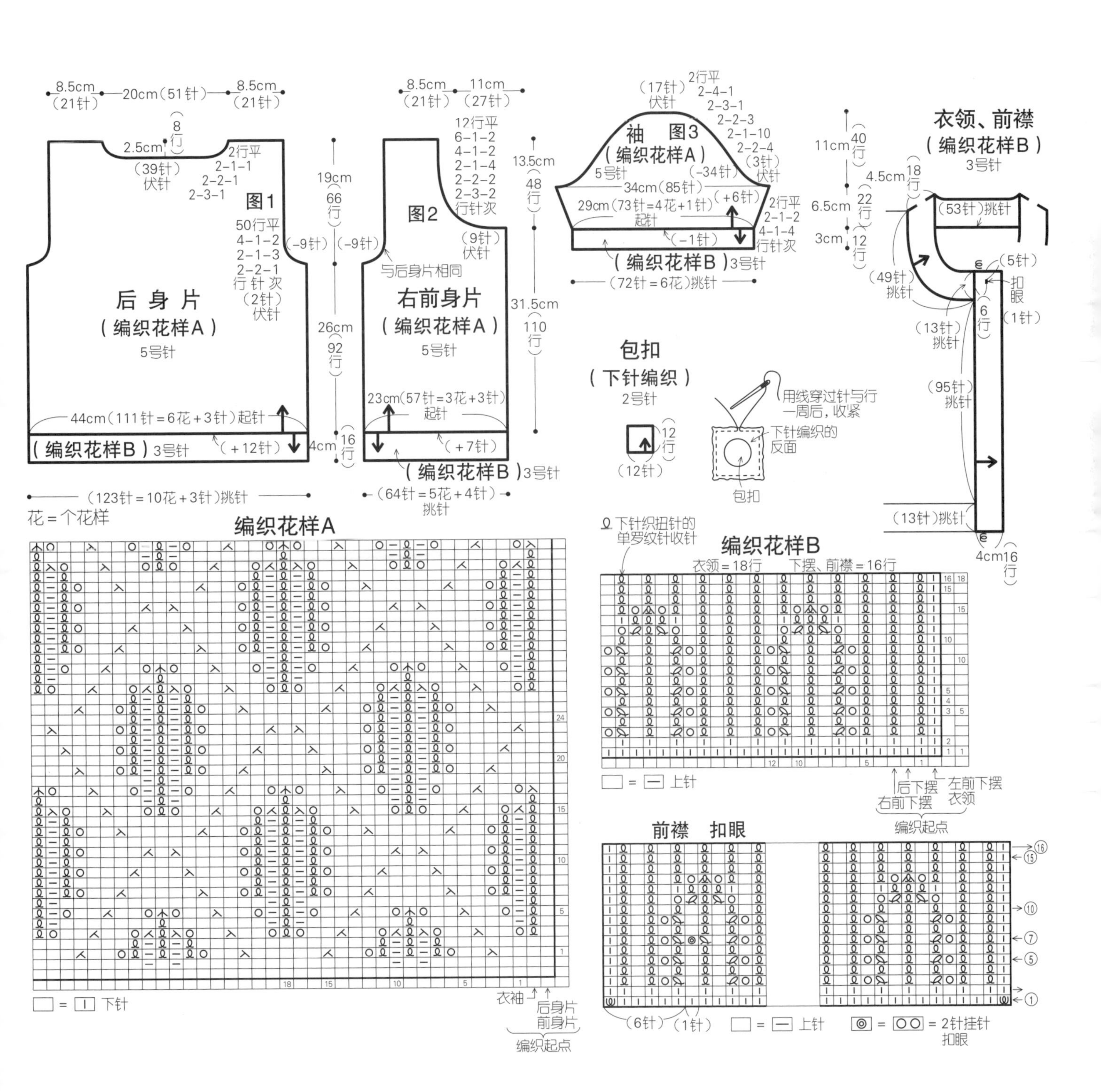

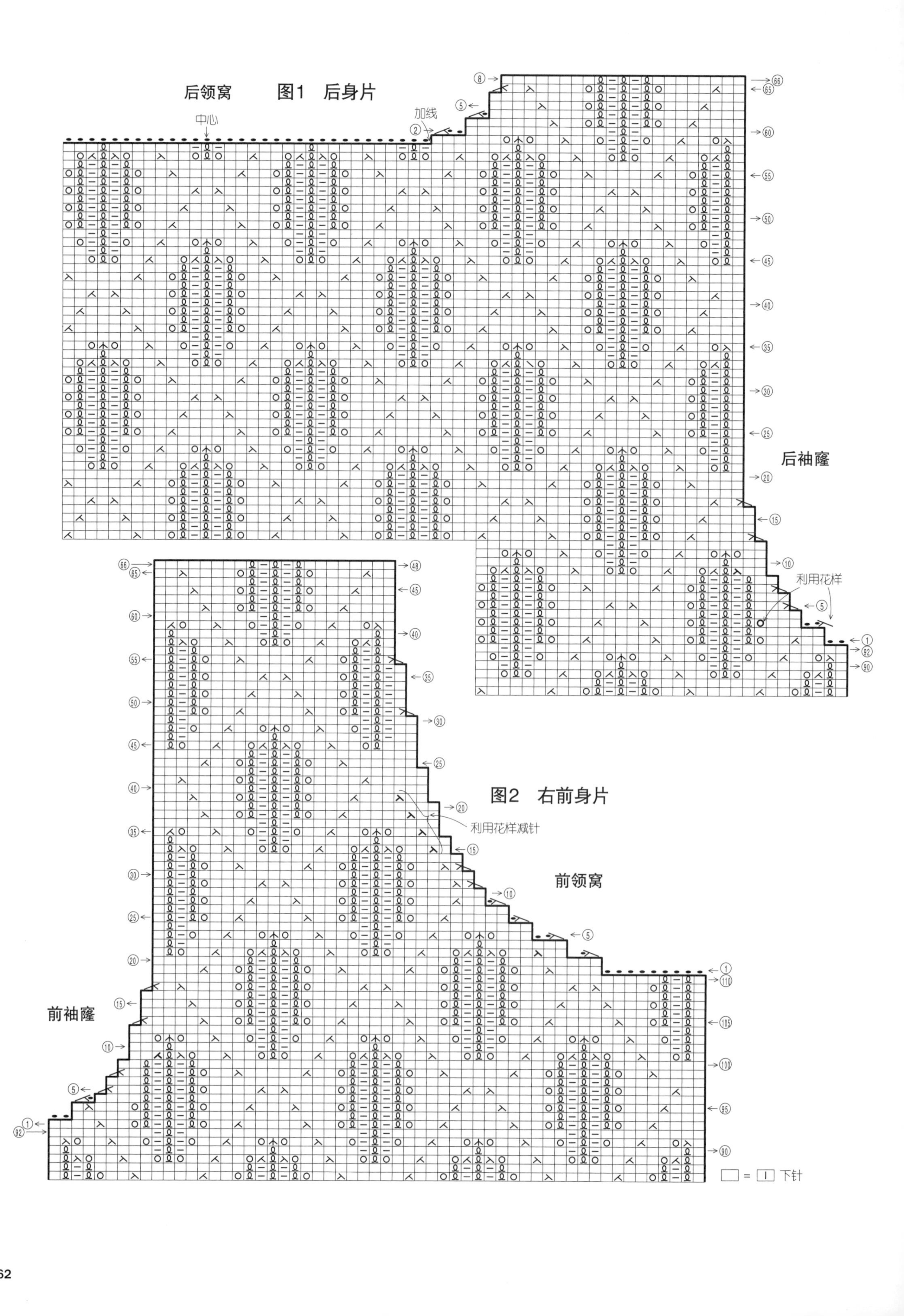
后领窝
图1 后身片
中心
加线
后袖窿
利用花样
图2 右前身片
利用花样减针
前领窝
前袖窿
= 下针

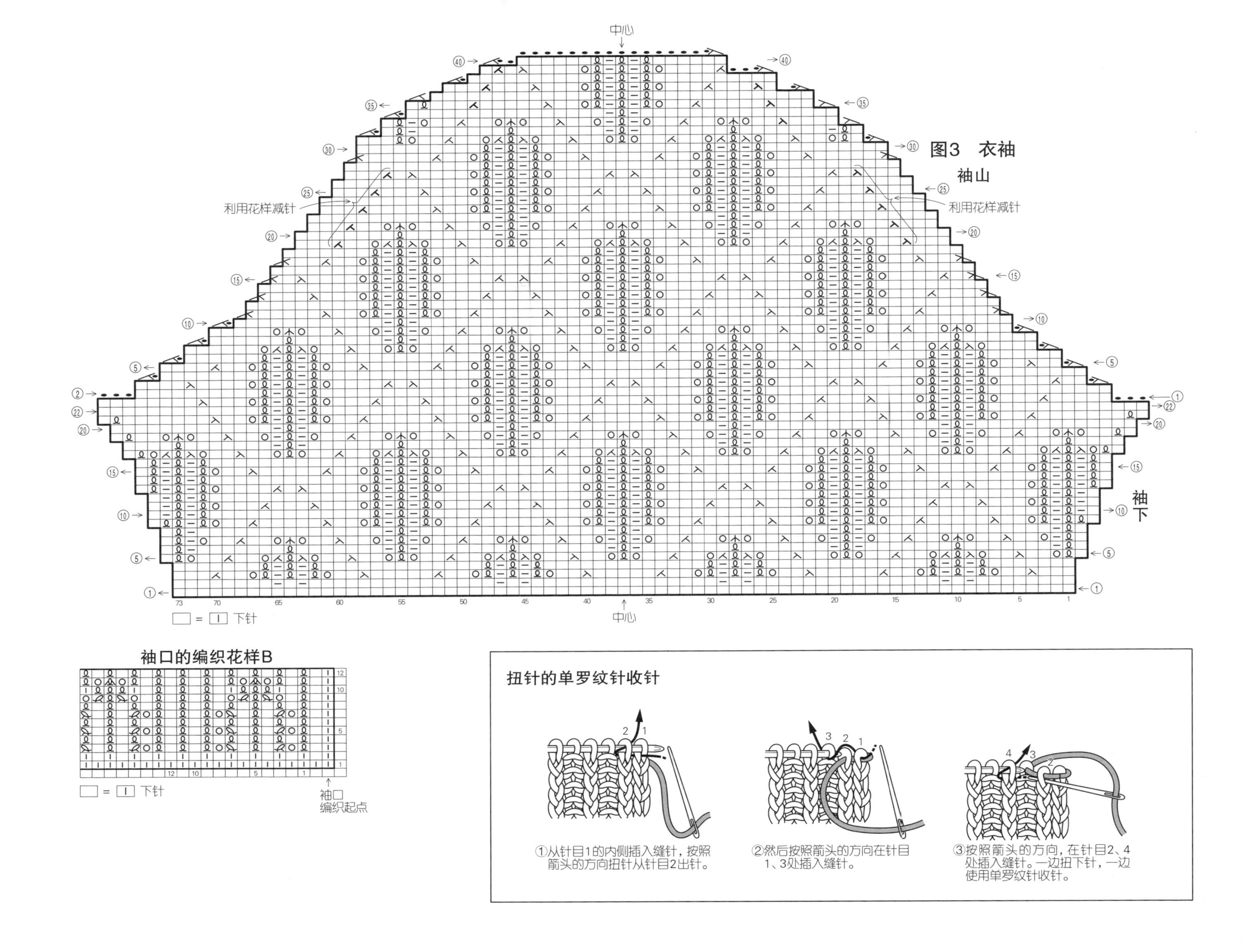
图3 衣袖
袖山
利用花样减针
利用花样减针
中心
中心
袖下
□ = ⊡ 下针
袖口的编织花样B
□ = ⊡ 下针
袖口
编织起点
扭针的单罗纹针收针
①从针目1的内侧插入缝针，按照箭头的方向扭针从针目2出针。
②然后按照箭头的方向在针目1、3处插入缝针。
③按照箭头的方向，在针目2、4处插入缝针。一边扭下针，一边使用单罗纹针收针。

8

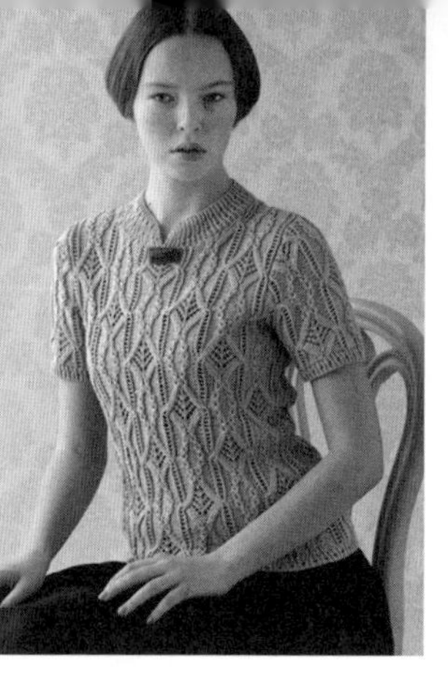

●**材料**　钻石线MS（粗）米色（116）280g/10团

●**工具**　棒针4、3、2号

●**成品尺寸**　胸围92cm、肩宽33cm、衣长54.5cm、袖长21.5cm

●**编织密度**　10cm×10cm面积内　编织花样A：32针，37行

●**编织要点**　①在身片下摆使用另线锁针起针，在腰部使用更细的3号棒针进行编织。参照图1～图3，袖窿、领窝使用伏针与侧边1针立式减针进行编织。一边解开下摆的另线锁针起针，一边挑针编织编织花样B，编织终点使用下针的扭针单罗纹针收针。②衣袖使用与身片相同的方法起针，参照图4，袖下在内侧1针处织扭针加针，袖山使用伏针与侧边1针立式减针进行编织。袖口编织编织花样B。③肩部使用盖针缝订缝，胁部、袖下使用挑针缝接缝。④衣领参照图5，编织编织花样B'。⑤衣袖使用引拔针的接缝缝合到身片上。

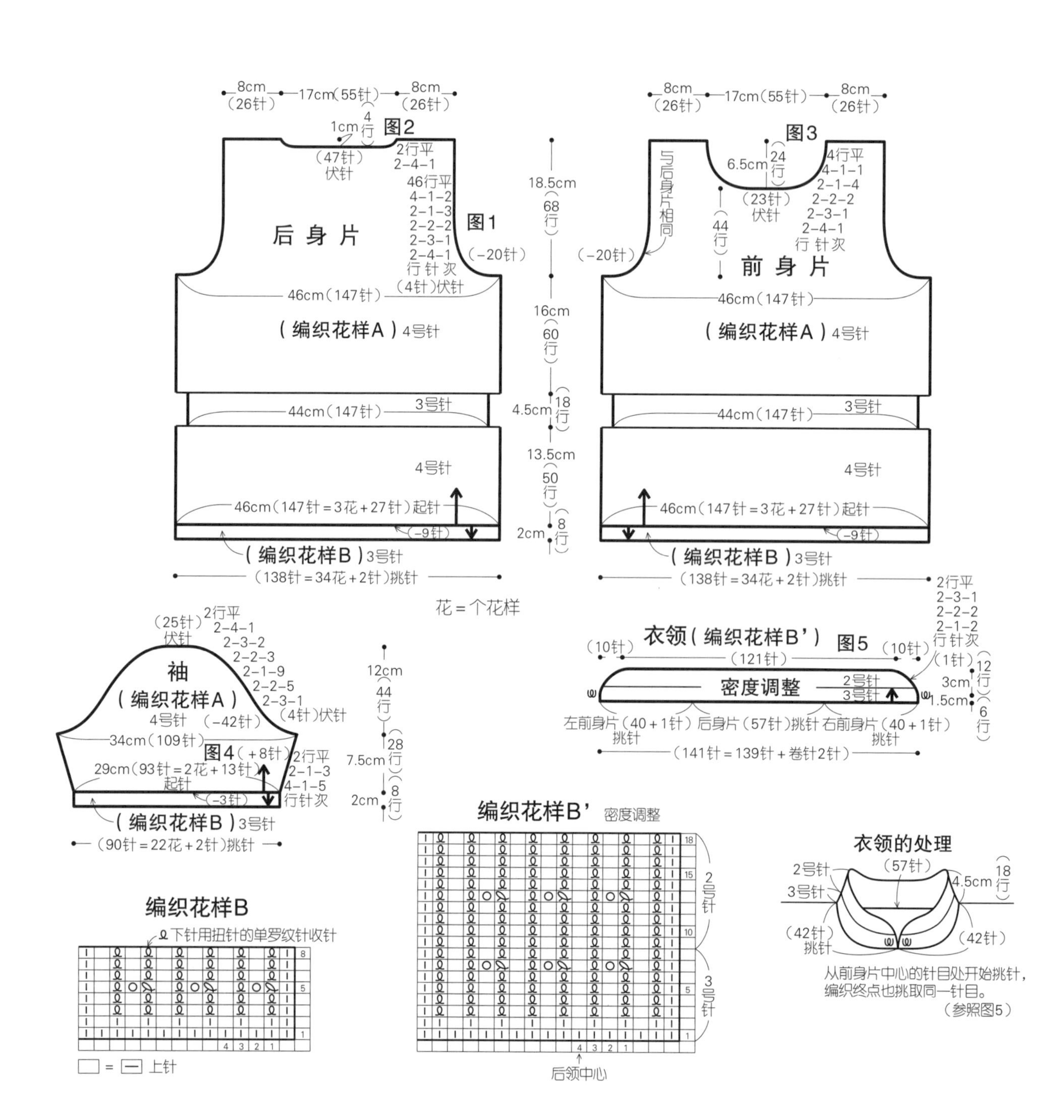

编织花样A

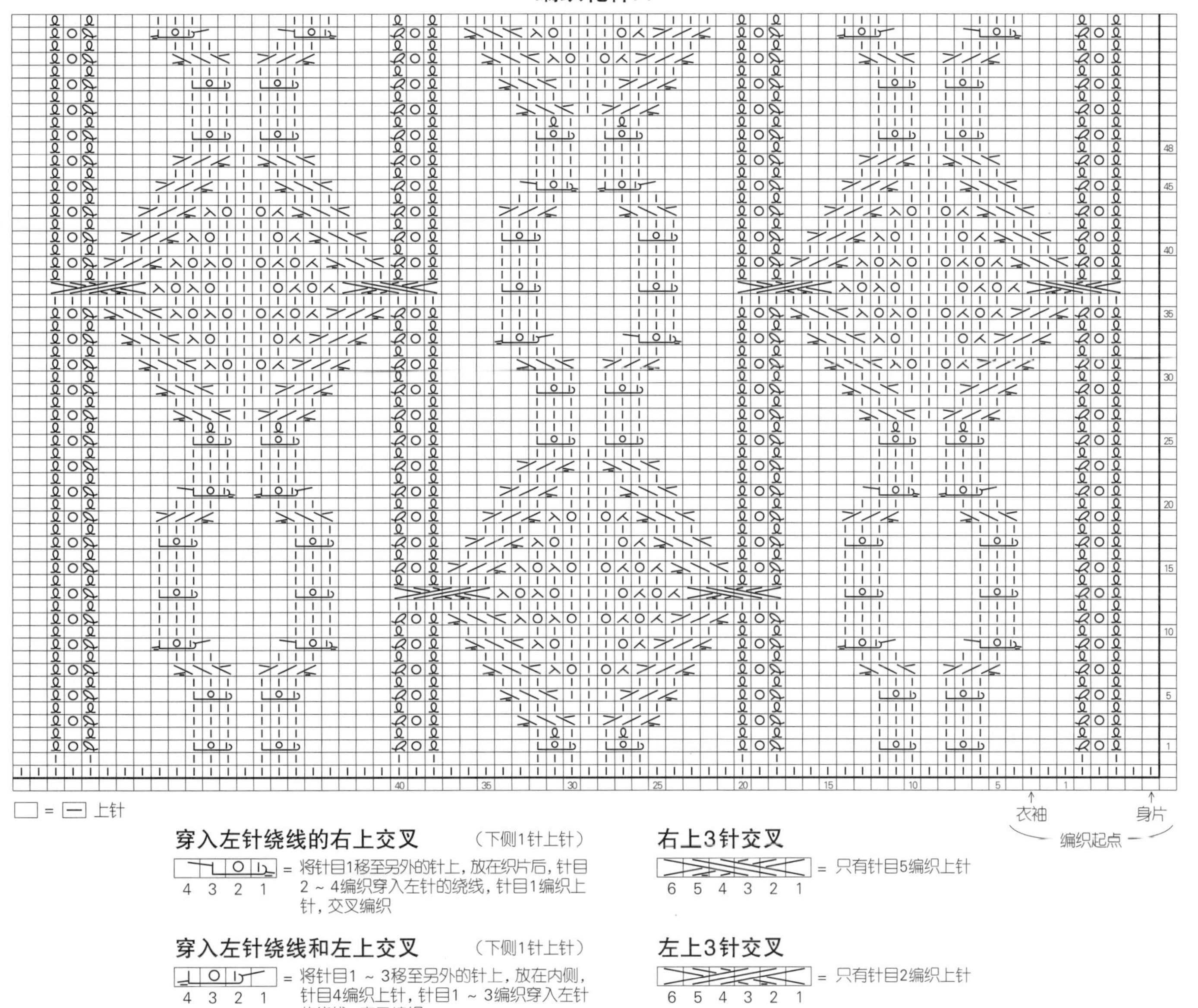

□ = □ 上针
衣袖
身片
编织起点
穿入左针绕线的右上交叉 （下侧1针上针）
4 3 2 1
= 将针目1移至另外的针上，放在织片后，针目2～4编织穿入左针的绕线，针目1编织上针，交叉编织
穿入左针绕线和左上交叉 （下侧1针上针）
4 3 2 1
= 将针目1～3移至另外的针上，放在内侧，针目4编织上针，针目1～3编织穿入左针的绕线，交叉编织
右上3针交叉
6 5 4 3 2 1
= 只有针目5编织上针
左上3针交叉
6 5 4 3 2 1
= 只有针目2编织上针

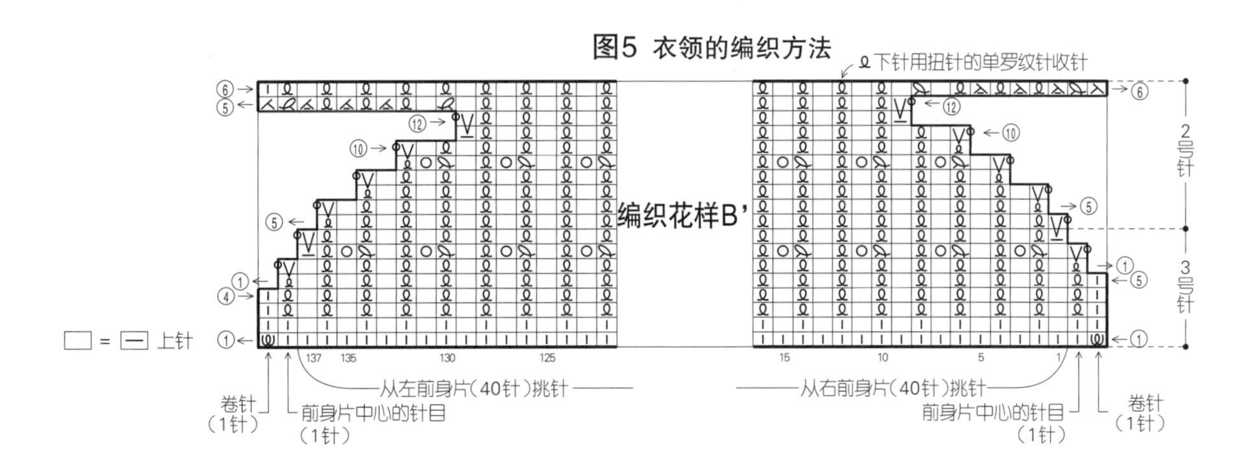

图5 衣领的编织方法
下针用扭针的单罗纹针收针
编织花样B'
2号针
3号针
□ = □ 上针
从左前身片（40针）挑针
从右前身片（40针）挑针
卷针（1针）
前身片中心的针目（1针）
前身片中心的针目（1针）
卷针（1针）

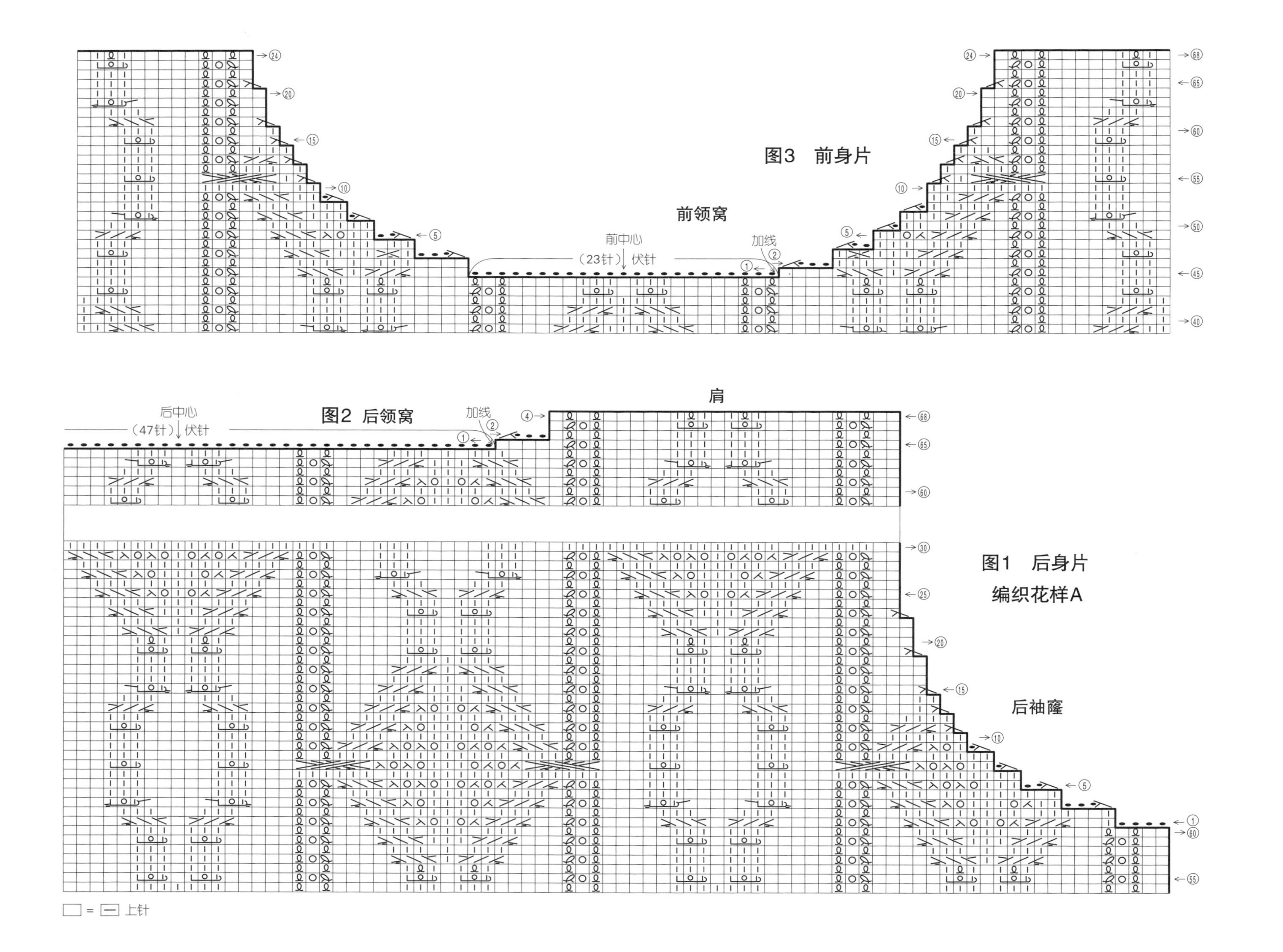

图3　前身片
前领窝
前中心
（23针）伏针
加线
图2　后领窝
后中心
（47针）伏针
加线
肩
图1　后身片
编织花样A
后袖窿
□ = ⊟ 上针

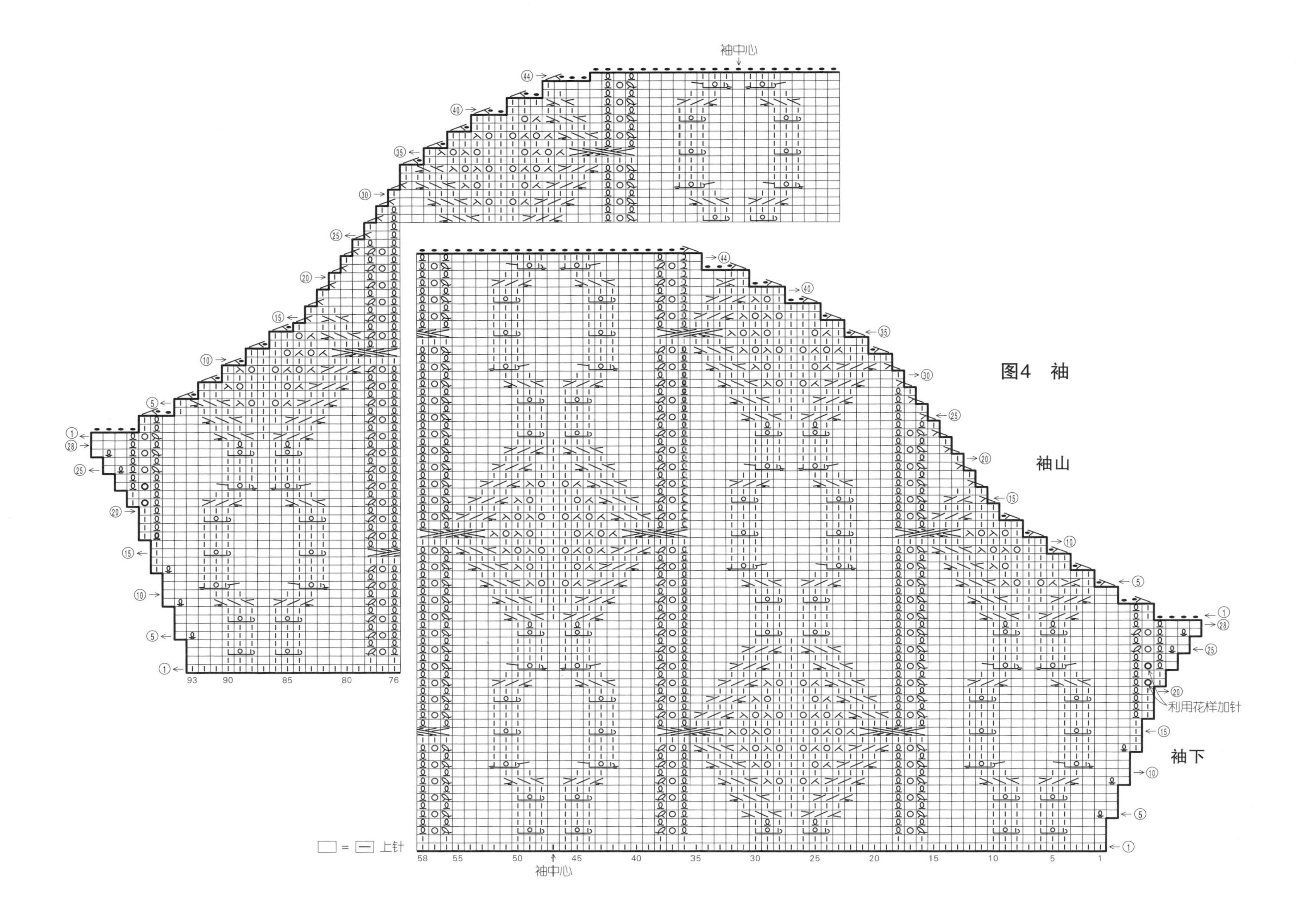
图4 袖
袖山
袖下
利用花样加针
袖中心
□=□ 上针

●**材料** 钻石线VI（粗）蓝色、绿色、红色系多色段染（807）220g/8团

●**工具** 棒针5、6、4、3号，钩针2/0号

●**成品尺寸** 胸围93cm、衣长53.5cm、连肩袖长28.5cm

●**编织密度** 10cm×10cm面积内 编织花样A：26针，34行；编织花样B：26针，35行（A、B均为5号针）

●**编织要点** ①后身片121针，前身片123针，在下摆使用另线锁针起针，编织编织花样A。②编织胁部，在胸围的位置减少缝份的针目，使前后身片针数相同。编织编织花样B，参照图2、图4，领窝使用伏针与侧边1针立式减针进行编织，肩斜线在剩余的部分做往返编织。③一边解开下摆的另线锁针起针，一边挑针编织2行起伏针编织，编织终点使用上针的伏针收针。④肩部使用盖针缝订缝，胁部使用挑针缝接缝，袖下使用下针编织订缝缝合。⑤衣领、袖口编织编织花样C。

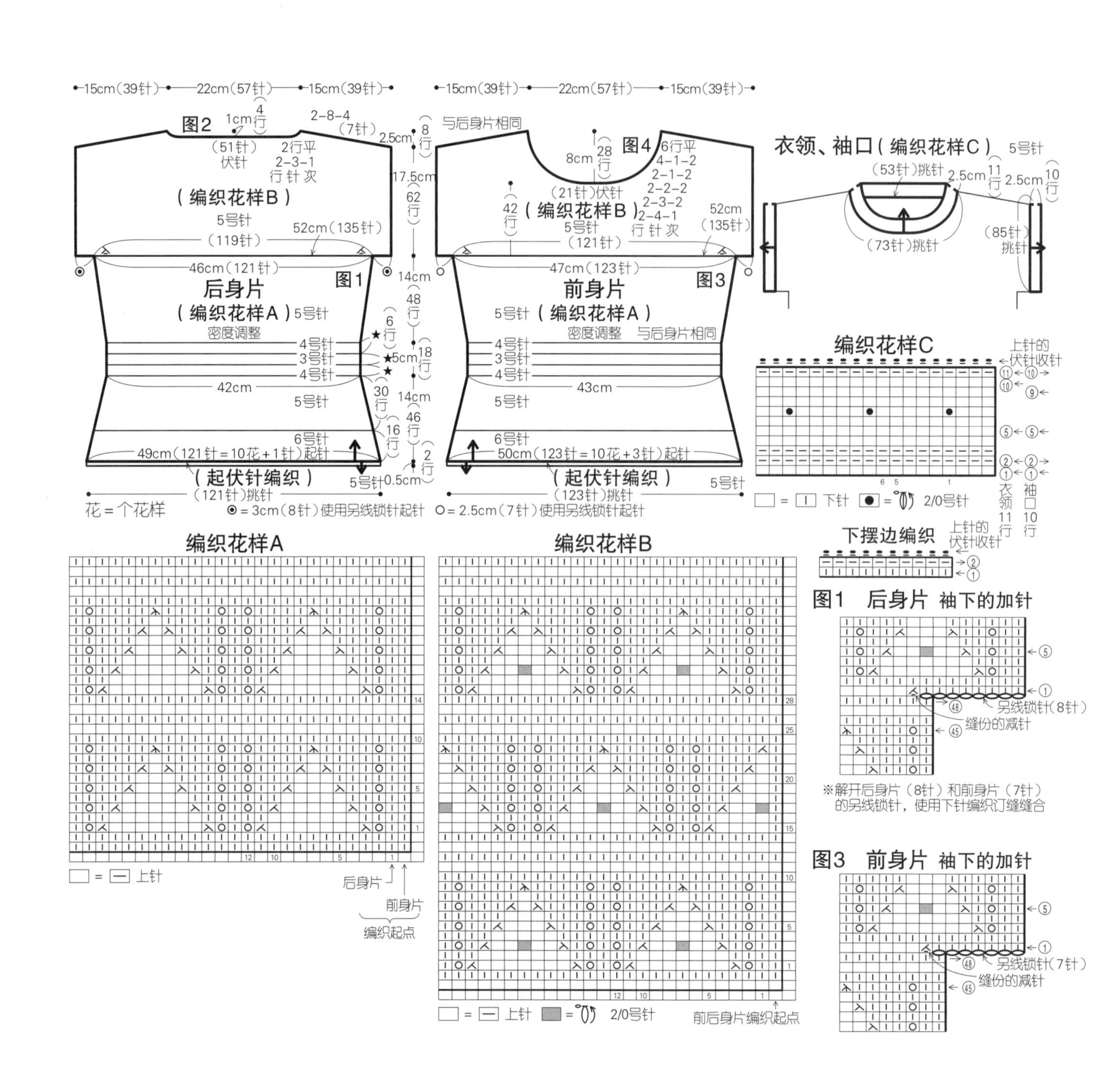

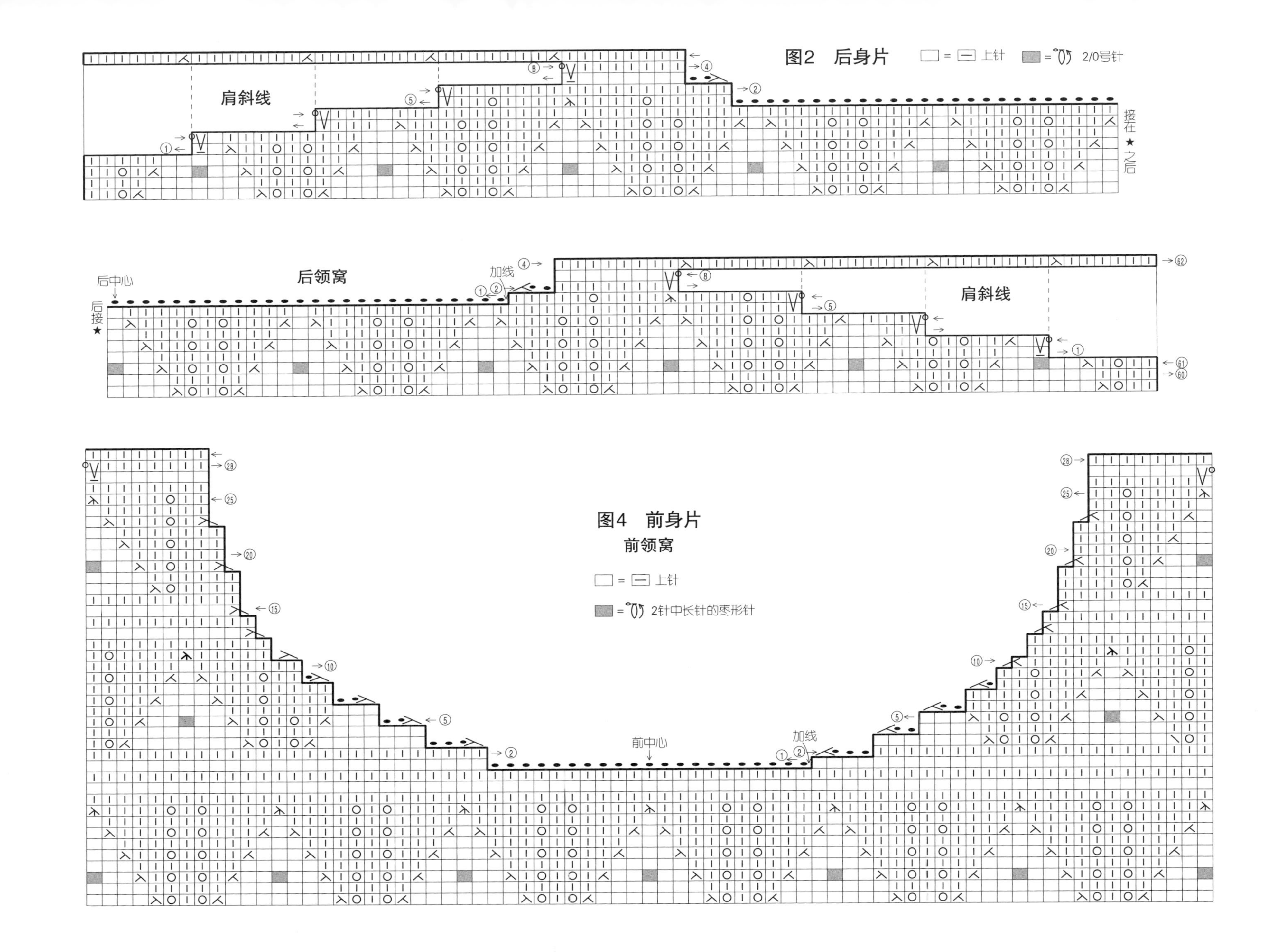
图2 后身片
□=⊟ 上针
■=2/0号针
肩斜线
接在★之后
后中心
后接★
后领窝
加线
肩斜线
图4 前身片
前领窝
□=⊟ 上针
■=2针中长针的枣形针
前中心
加线

12

●**材料** 钻石线MSP（粗）紫红色、茶色系段染（518）250g/9团，直径1.5 cm的纽扣 2 颗

●**工具** 棒针 4 号、5 号、3 号

●**成品尺寸** 胸围92cm、衣长65.5cm、连肩袖长29cm

●**编织密度** 10cm×10cm面积内 编织花样：29针，36行；下针编织：26针，36行

●**编织要点** ①在下摆使用另线锁针起针，编织花样参照图 1 进行分散减针。在袖口下及两侧减少缝份的针数，另线起10针，挑取锁针的里山。在前后领窝的中心，后领窝停 1 针，前领窝停 5 针，在两侧使用卷针增加缝份的针数。领窝使用侧边 1 针立式减针进行编织，肩斜线在剩余的部分做往返编织。②下摆编织起伏针，编织终点为了突出荷叶边的效果，要较松散地编织上针的伏针收针。③肩部使用引拔针缝订缝，衣领和袖口编织扭针的单罗纹针。④袖口下的起针使用下针编织订缝，胁部使用挑针缝接缝。

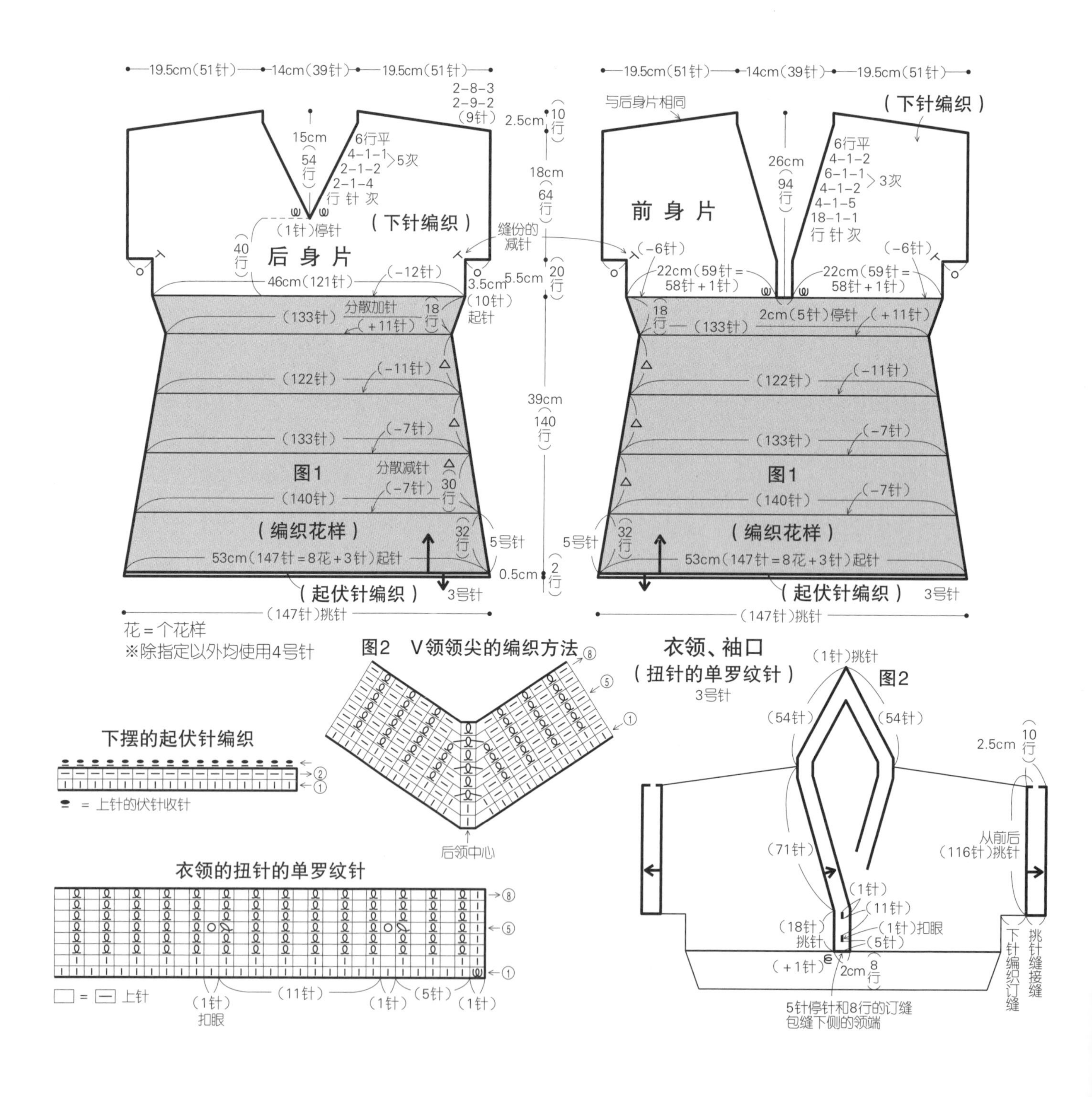

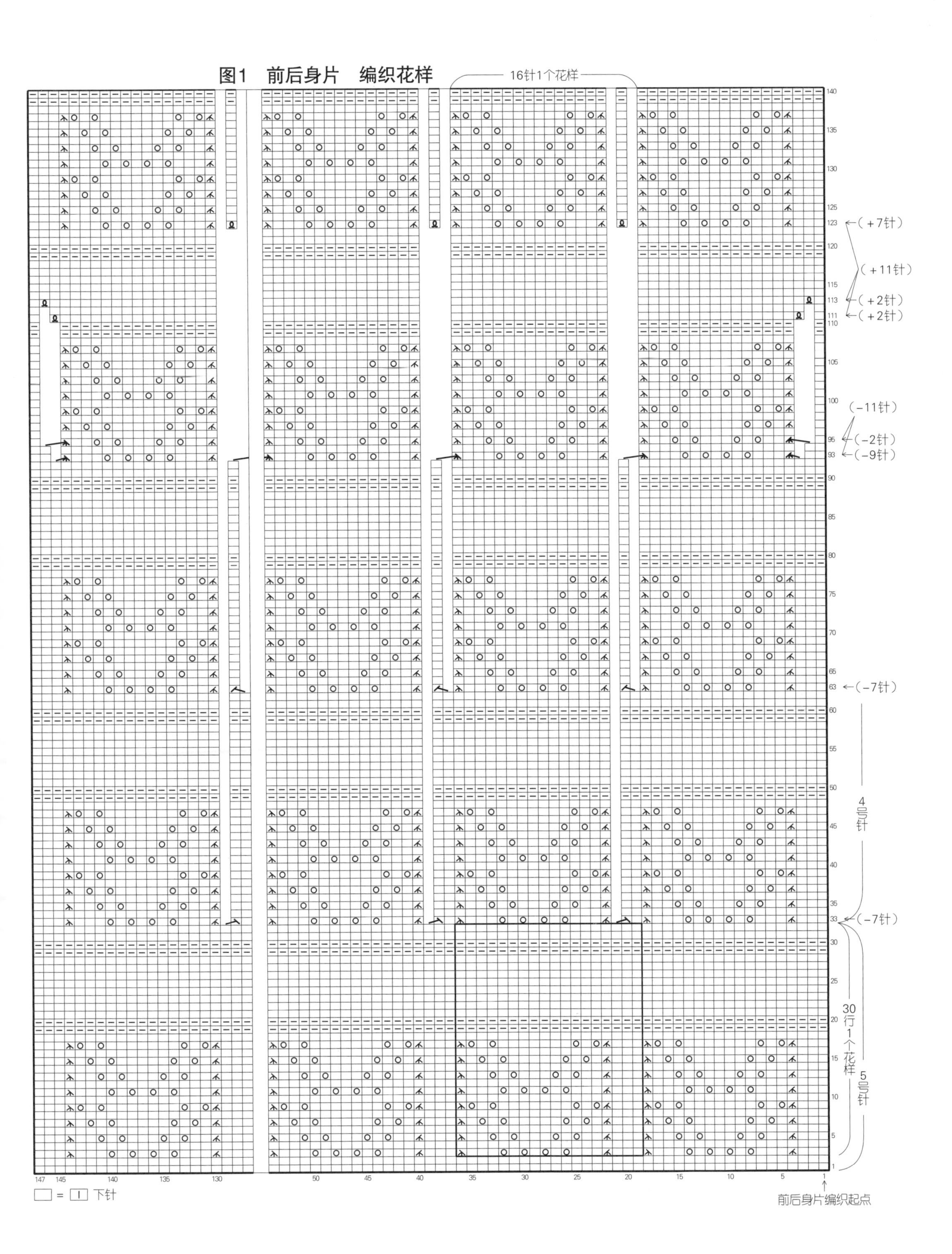
图1 前后身片 编织花样
16针1个花样
(+7针)
(+11针)
(+2针)
(+2针)
(-11针)
(-2针)
(-9针)
(-7针)
4号针
(-7针)
30行1个花样
5号针
□ = ⊡ 下针
前后身片编织起点

page20

13

●**材料** 钻石线PT（粗）米色、紫色、绿色系段染（211）260g/9团

●**工具** 钩针5/0号

●**成品尺寸** 肩宽37cm、衣长52.5cm

●**编织密度** 10cm×10cm面积内 编织花样：30针（10格），11.5行

●**编织要点** ①在前后身片的下摆使用锁针起针，钩编编织花样。钩编34行，在左右袖口的开口部分，各停1格的针，区分出右前身片、后身片、左前身片，钩编26行。将左右袖口的开口部分使用2针锁针连接在一起，前后身片一起钩编10行领子。②领子、前襟、下摆，参照图1，从右身片下摆开始编织，钩编边缘编织A。③左右袖口参照图2、图3，钩编边缘编织B。

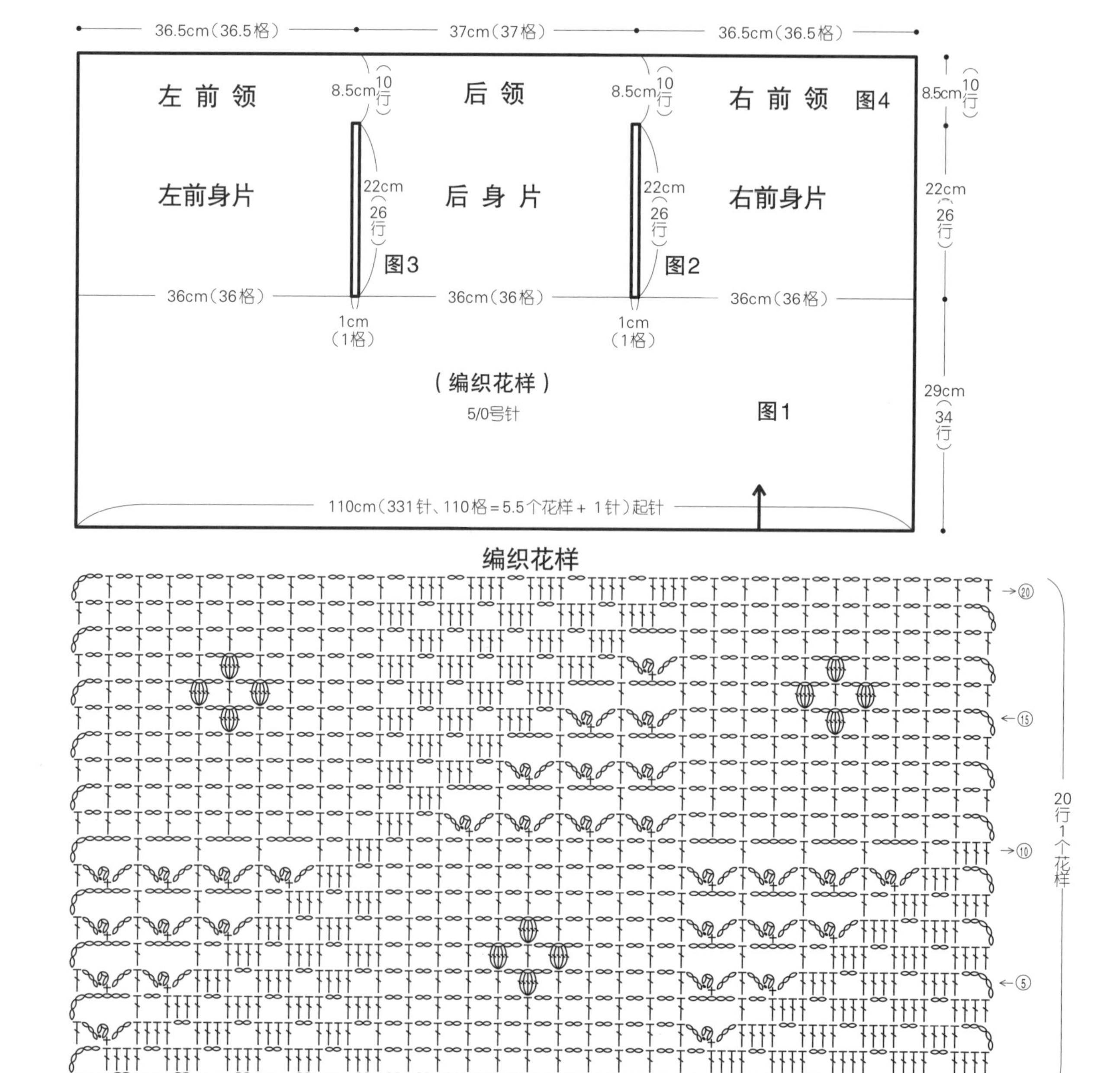

图1 右前身片、编织花样

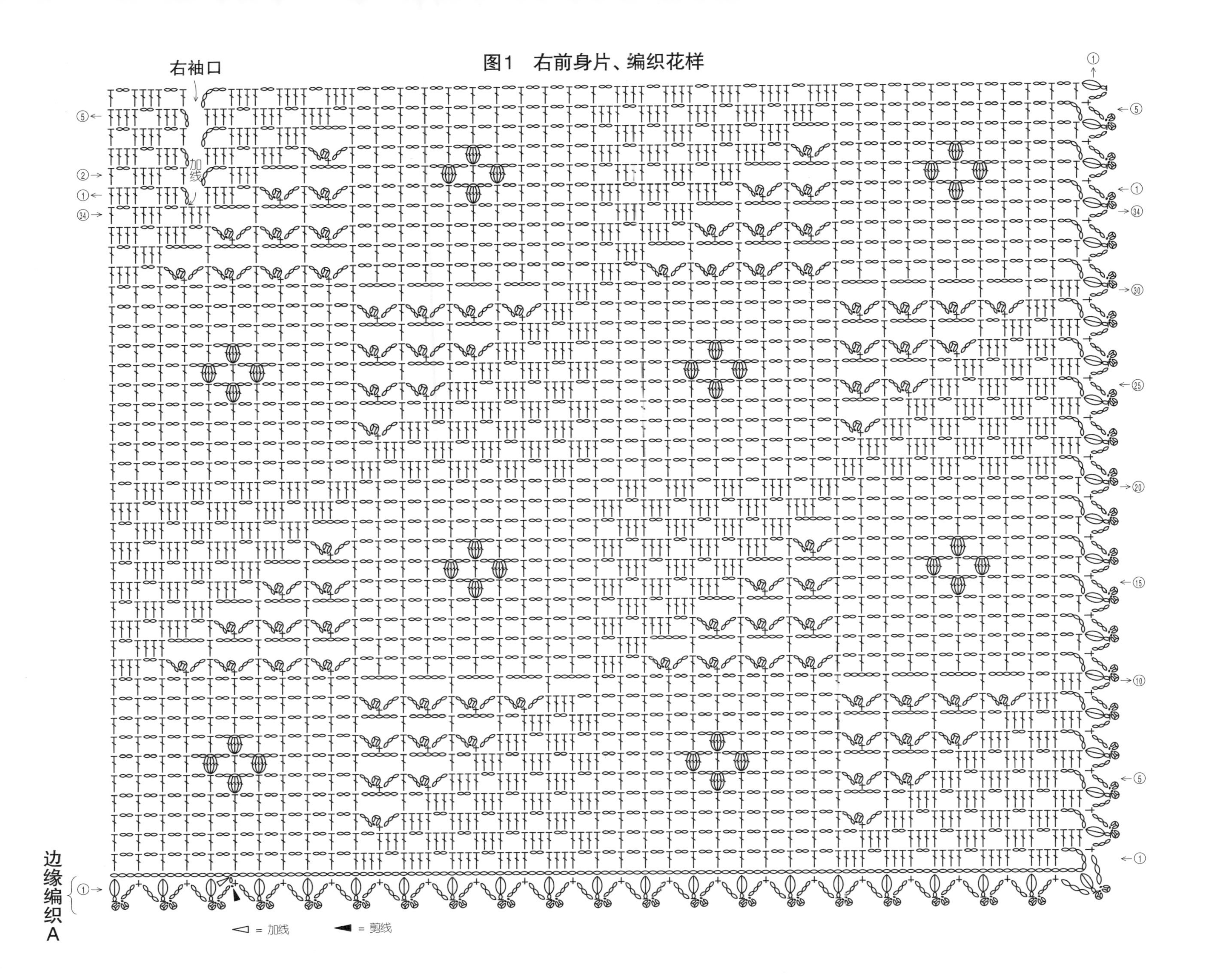

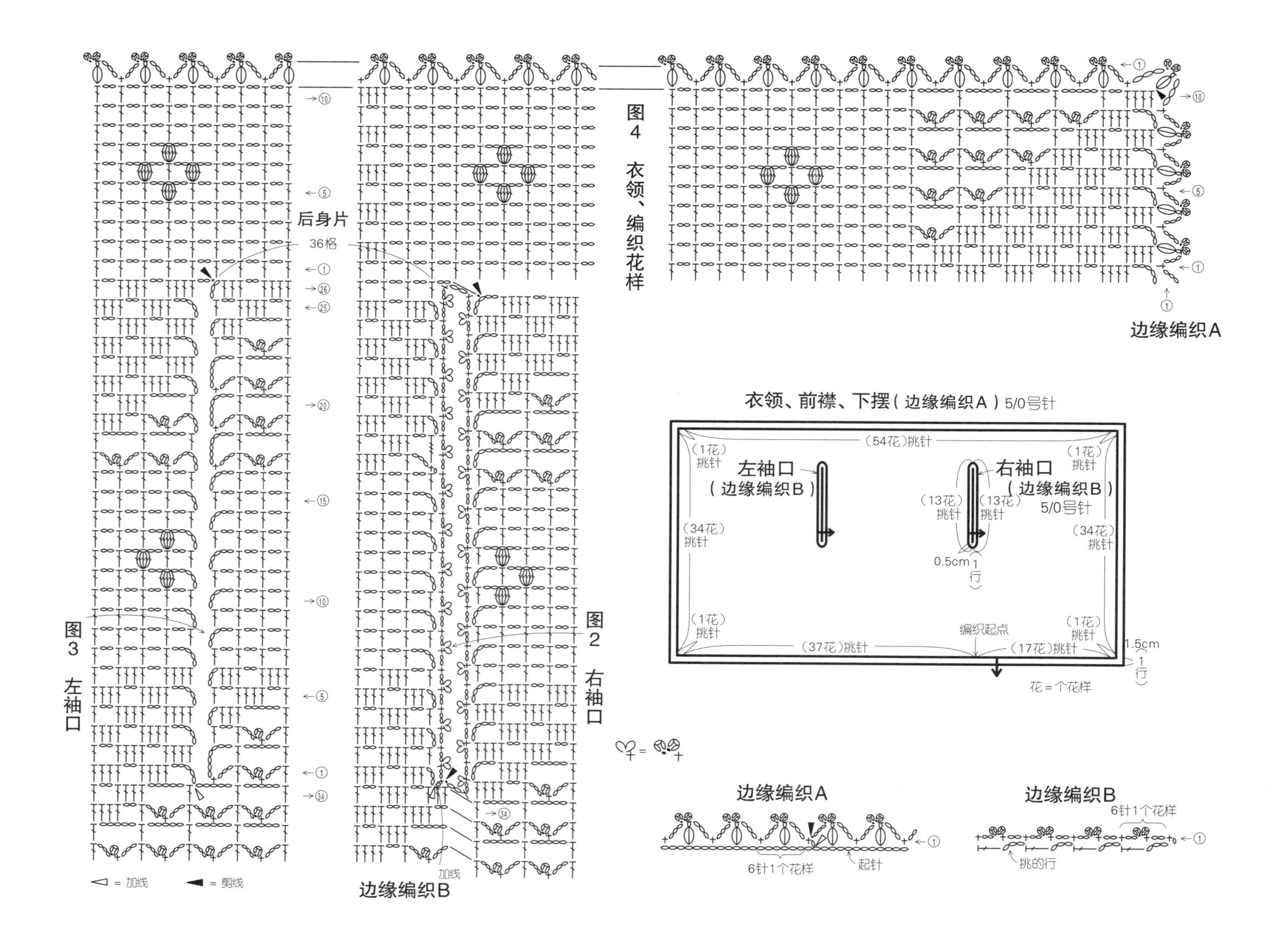
图3 左袖口
后身片
36格
图2 右袖口
边缘编织B
加线
= 加线
= 剪线
图4 衣领、编织花样
边缘编织A
衣领、前襟、下摆（边缘编织A）5/0号针
（54花）挑针
（1花）挑针
左袖口
（边缘编织B）
右袖口
（边缘编织B）
5/0号针
（13花）挑针
（34花）挑针
0.5cm 1行
编织起点
（37花）挑针
（17花）挑针
1.5cm 1行
花＝1个花样
边缘编织A
6针1个花样
起针
边缘编织B
6针1个花样
挑的行

●**材料**　钻石线PE（粗）胭脂红（304）160g/7团

●**工具**　棒针6号，钩针3/0号

●**成品尺寸**　胸围92cm、衣长45cm、连肩袖长29cm

●**编织密度**　10cm×10cm面积内　编织花样A：25针，31行

●**编织要点**　①在身片下摆使用手指挂线起针，编织编织花样A。在袖口下的两侧，卷针加9针，减少缝份的针数。参照图1、图2编织前身片。前身片的下摆，2针以上使用卷针，1针使用挂针，或使用扭针加针。前领窝使用侧边1针立式减针进行编织。②肩部正面相对，使用盖针缝订缝，袖口下使用下针编织订缝，胁部使用挑针缝接缝。③接着衣领、前襟、下摆，从右前下摆开始编织，环形编织11行编织花样B。④袖口也从身片挑针，编织10行编织花样B'。

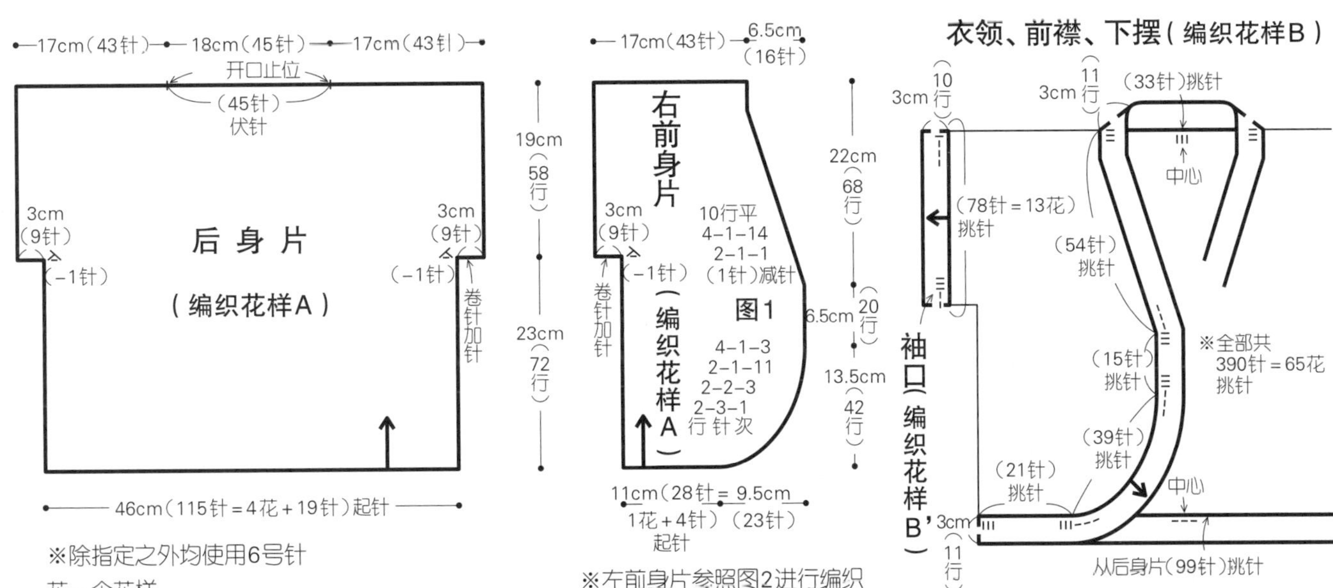

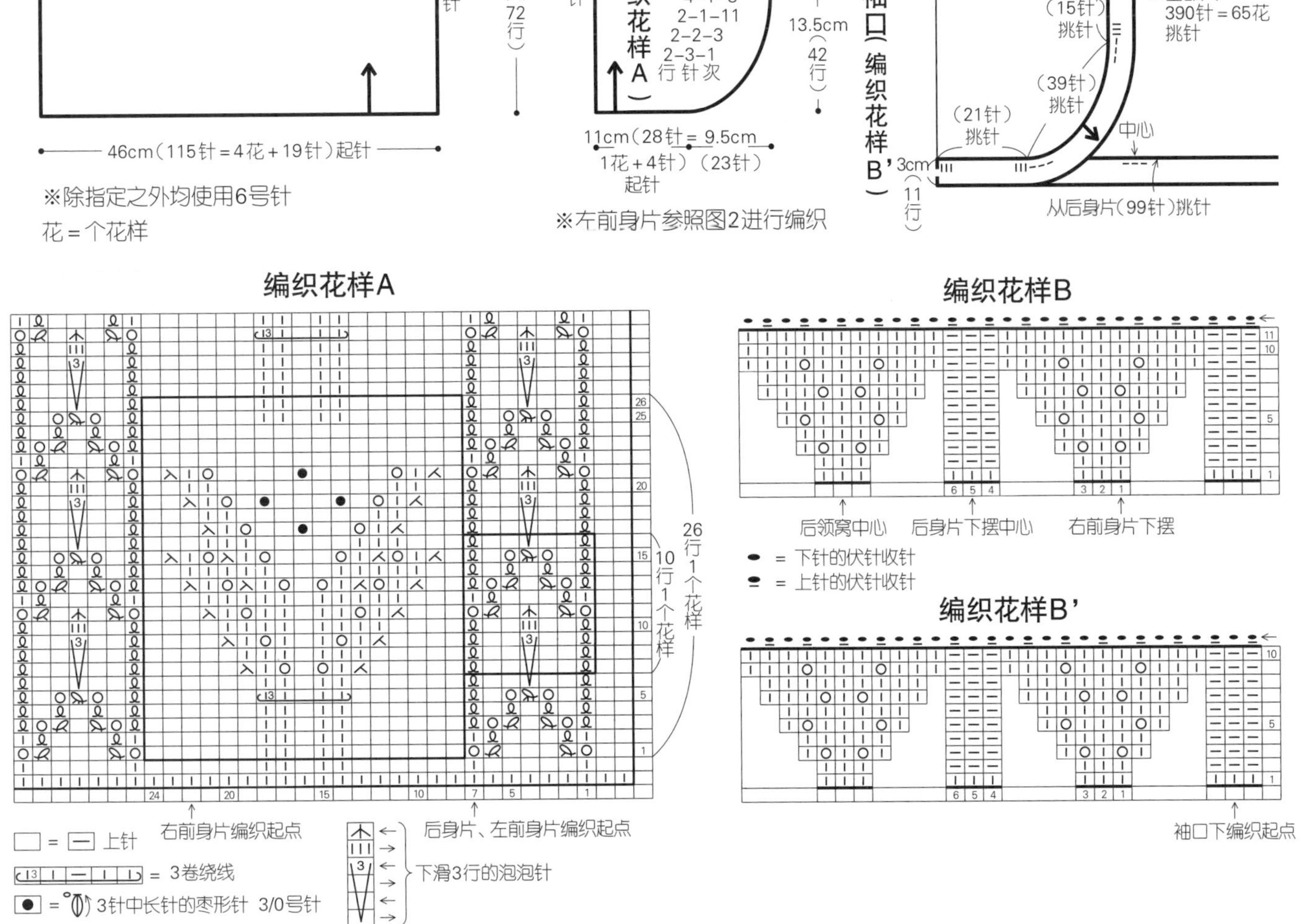

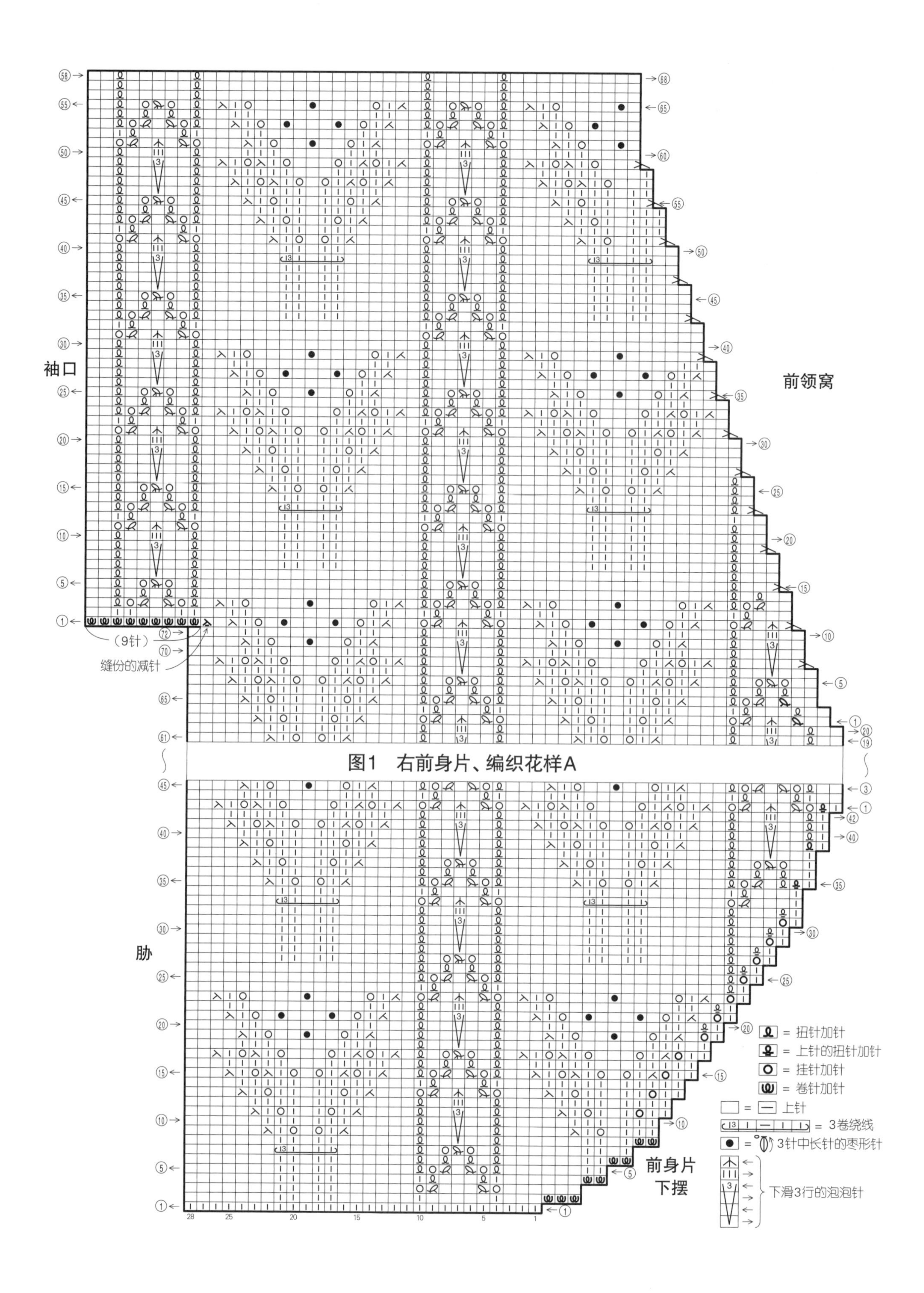

图1　右前身片、编织花样A

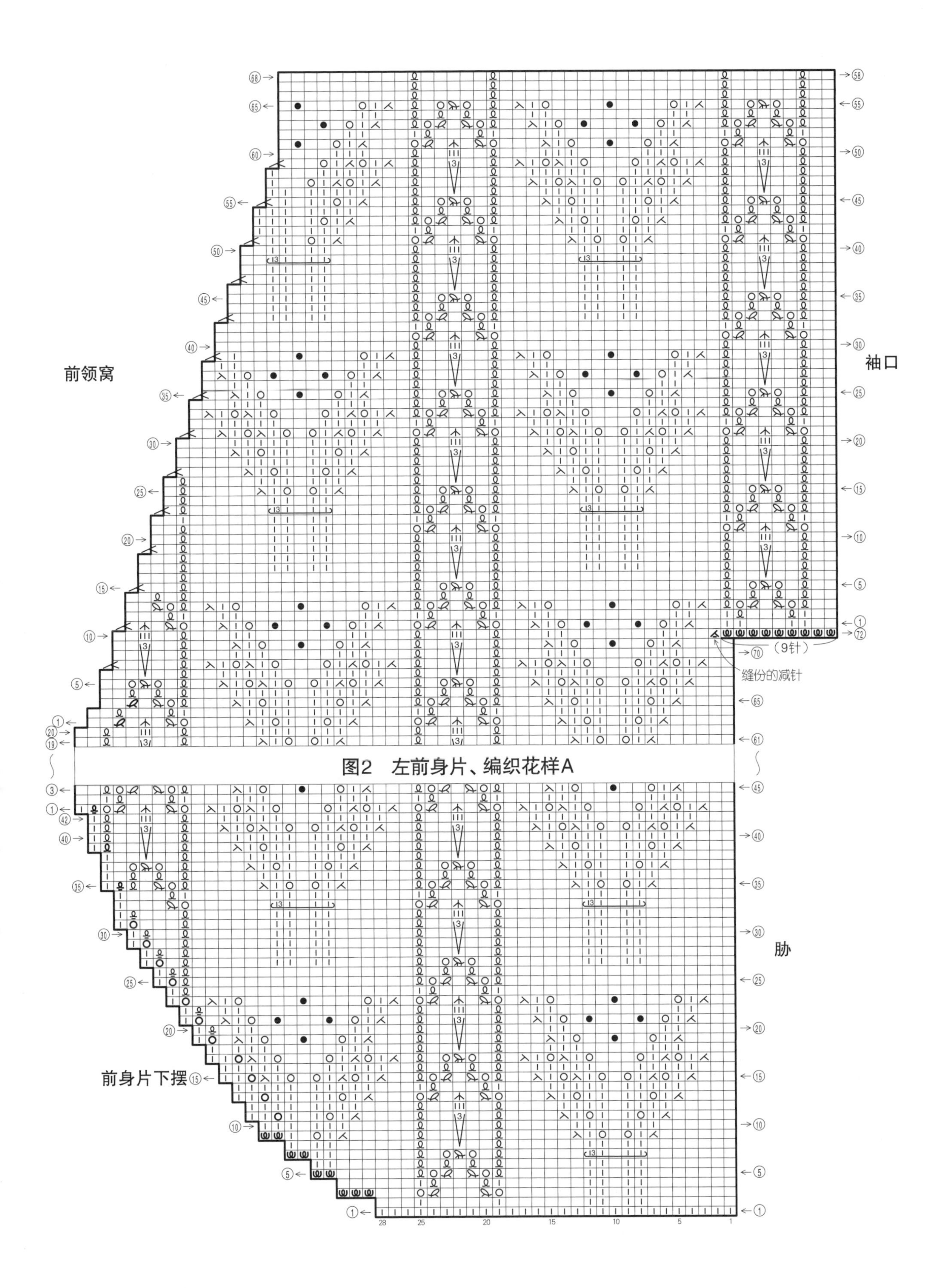

图2　左前身片、编织花样A

●**材料**　钻石线MSG（粗）原色与米色、蓝绿色、紫红色混合（702）250g/9团

●**工具**　棒针4号，钩针4/0号

●**成品尺寸**　胸围92cm、衣长68.5cm、连肩袖长21.5cm

●**编织密度**　10cm×10cm面积内　编织花样A：24针，36行；编织花样B：25针，9行

●**编织要点**　①在身片下胸围的位置使用手指挂线起针，使用棒针编织编织花样A。胁部在内侧1针处织扭针加针，袖窿、领窝参照图1～图3使用伏针与侧边1针立式减针进行编织。②身片胁部使用挑针缝接缝，肩部正面相对，使用盖针缝订缝。③使用钩针从身片的环形起针上挑取针目，钩编1行短针。接着参照图4，钩编编织花样B一边分散减针一边编织。④下摆的编织花样C，参照图5使用棒针编织。⑤编织好衣领、衣袖、袖窿后即完成。

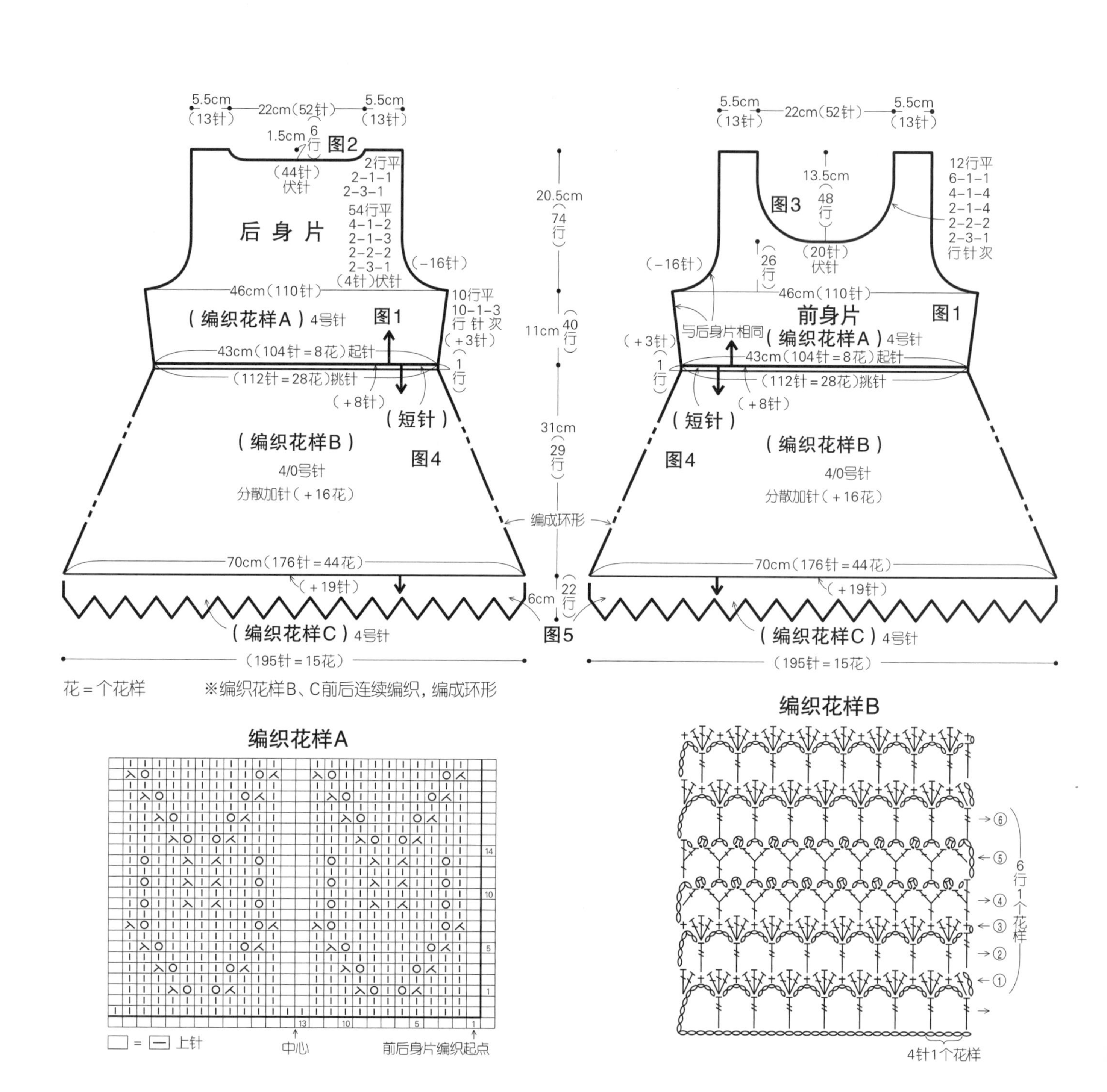

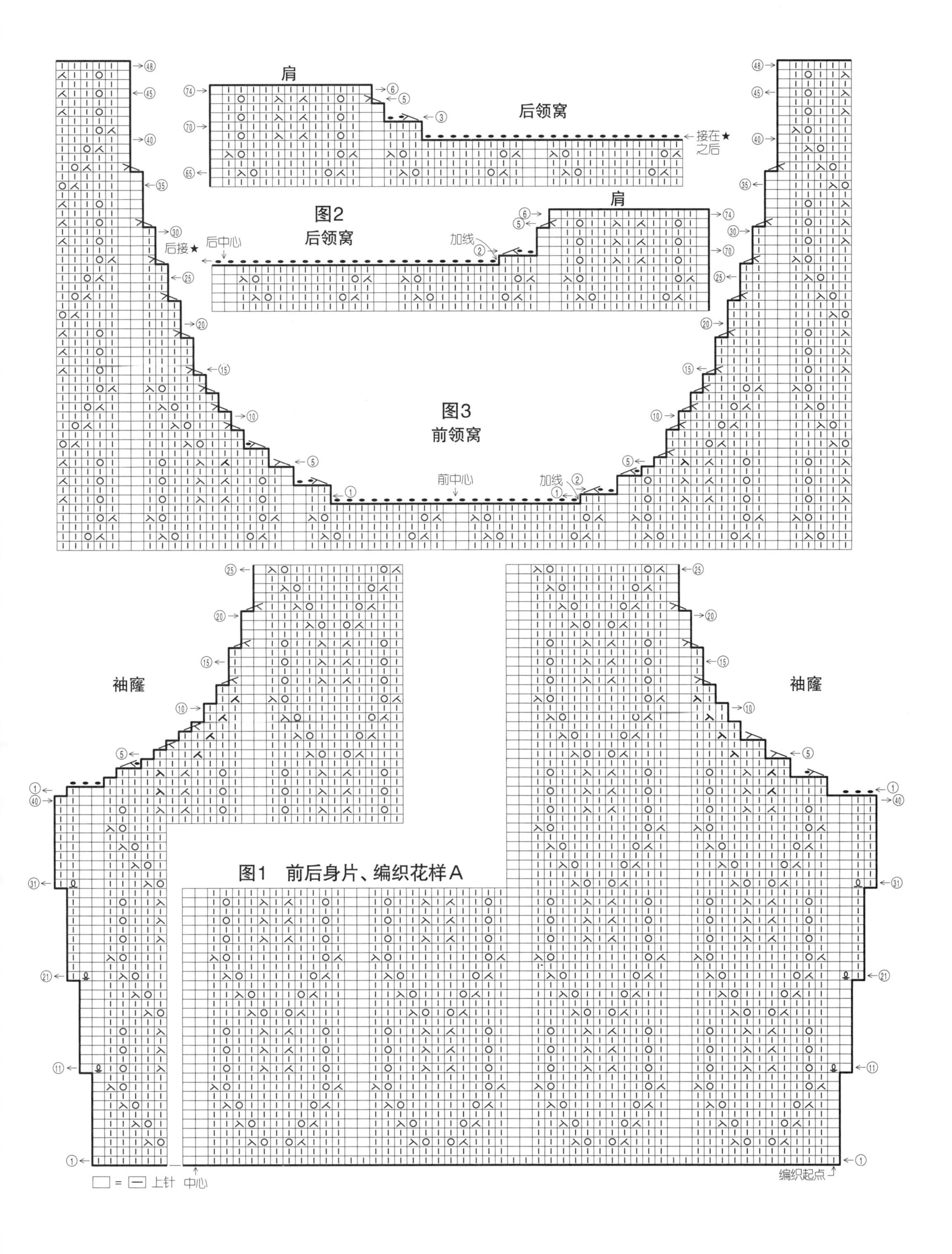
肩
后领窝
接在★之后
图2
后领窝
后接★
后中心
加线
肩
图3
前领窝
前中心
加线
袖窿
袖窿
图1 前后身片、编织花样A
= 上针
中心
编织起点

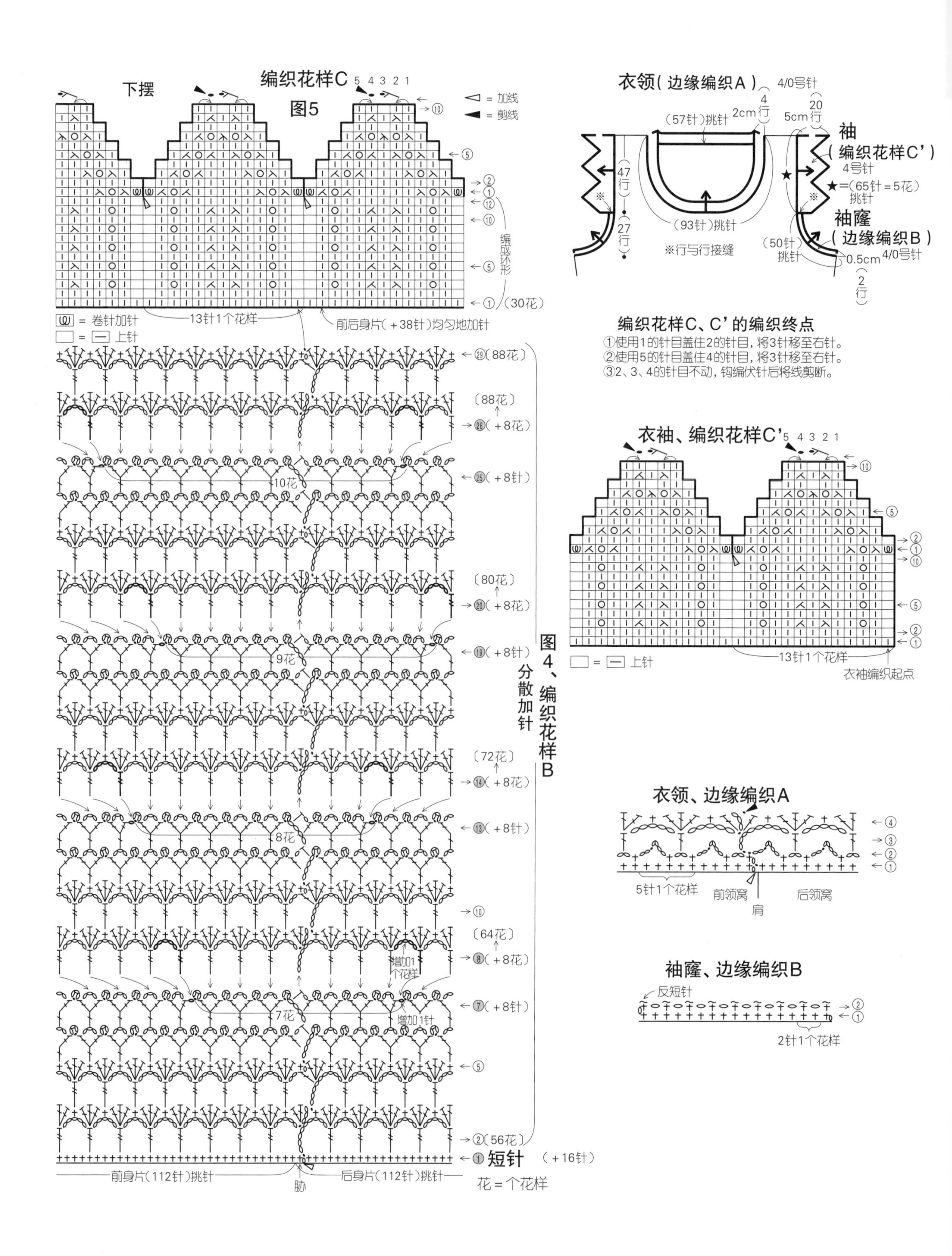

编织花样C
下摆
图5
= 加线
= 剪线
编成环形
(30花)
= 卷针加针
= 上针
13针1个花样
前后身片(+38针)均匀地加针
(88花)
(+8花)
(+8针)
10花
(80花)
9花
图4、编织花样B
分散加针
(72花)
8花
(64花)
增加1个花样
7花
增加1针
(56花)
短针
(+16针)
前身片(112针)挑针
后身片(112针)挑针
胁
花=个花样
衣领(边缘编织A)
4/0号针
(57针)挑针
2cm 4行
5cm 20行
袖
(编织花样C')
4号针
★=(65针=5花)挑针
袖窿
(边缘编织B)
47行
27行
(93针)挑针
※行与行接缝
(50针)挑针
0.5cm 2行
编织花样C、C'的编织终点
①使用1的针目盖住2的针目，将3针移至右针。
②使用5的针目盖住4的针目，将3针移至右针。
③2、3、4的针目不动，钩编伏针后将线剪断。
衣袖、编织花样C'
13针1个花样
衣袖编织起点
衣领、边缘编织A
5针1个花样
前领窝
后领窝
肩
袖窿、边缘编织B
反短针
2针1个花样

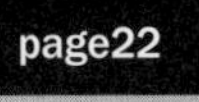

page22

14

●**材料**　钻石线CSN（粗）浅茶色、紫色、蓝绿色系混合（119）210g/6团

●**工具**　棒针6号、4号，钩针4/0号

●**成品尺寸**　胸围96.5cm、肩宽38cm、衣长53.5cm

●**编织密度**　10cm×10cm面积内　编织花样：25针，28行；下针编织：23针，28行

●**编织要点**　①在前后身片的下摆，使用另线锁针起单罗纹针开始编织。另线锁针单罗纹针的起针，后身片为59针，右前身片为30针，左前身片为29针。后身片参照图1、前身片参照图2进行编织，袖窿和领窝使用伏针与侧边1针立式减针进行编织，肩斜线在剩余的部分做往返编织。②肩部使用盖针缝订缝，胁部参照下图，将线绕1圈后收紧，一边编织绕线，一边使用挑针缝接缝缝合。③在衣领和前襟、袖窿上挑取针目，进行边缘编织，编织终点使用扭针的单罗纹针收针。④钩编4根螺纹绳，缝在前身片的指定位置。

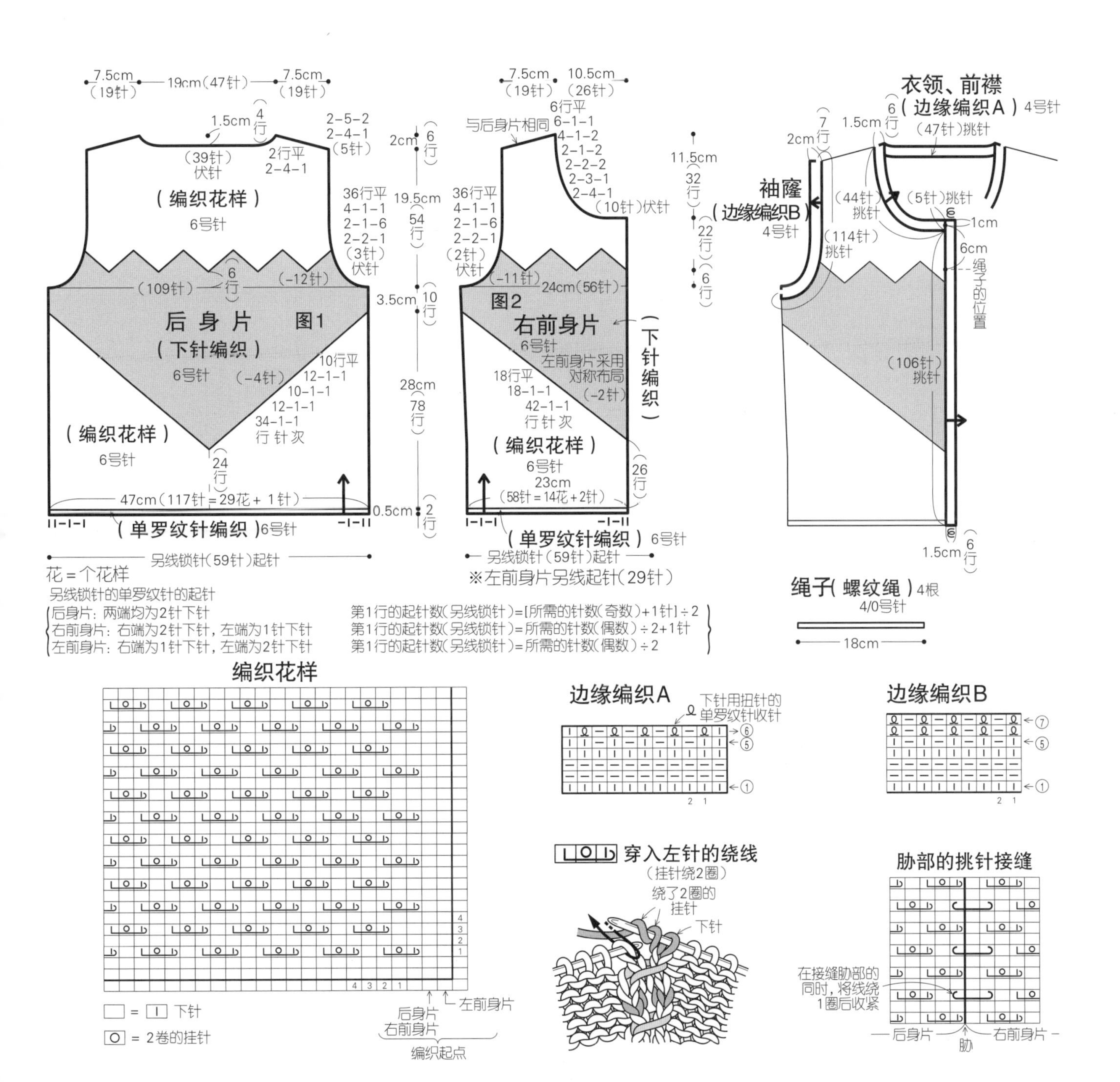

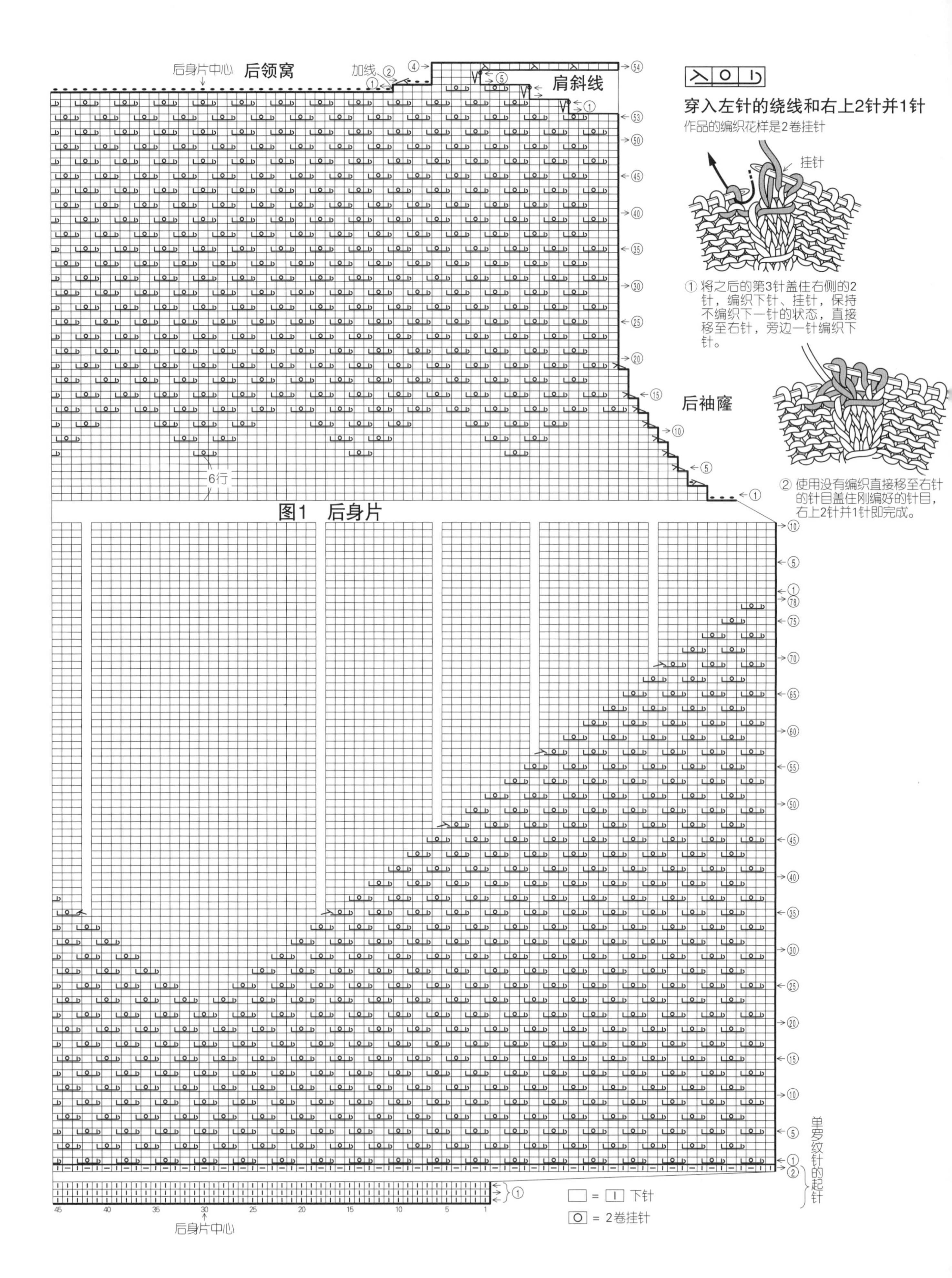

后身片中心
后领窝
加线
肩斜线
后袖窿
6行
图1 后身片
穿入左针的绕线和右上2针并1针
作品的编织花样是2卷挂针
挂针
① 将之后的第3针盖住右侧的2针，编织下针、挂针，保持不编织下一针的状态，直接移至右针，旁边一针编织下针。
② 使用没有编织直接移至右针的针目盖住刚编好的针目，右上2针并1针即完成。
单罗纹针的起针
□ = □ 下针
○ = 2卷挂针
后身片中心

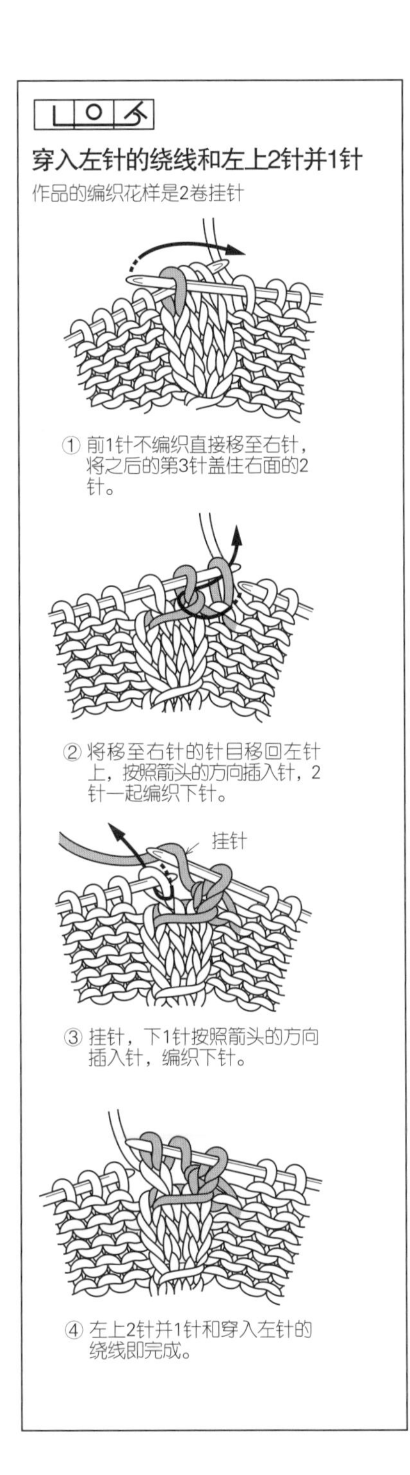
穿入左针的绕线和左上2针并1针
作品的编织花样是2卷挂针
① 前1针不编织直接移至右针，将之后的第3针盖住右面的2针。
② 将移至右针的针目移回左针上，按照箭头的方向插入针，2针一起编织下针。
挂针
③ 挂针，下1针按照箭头的方向插入针，编织下针。
④ 左上2针并1针和穿入左针的绕线即完成。

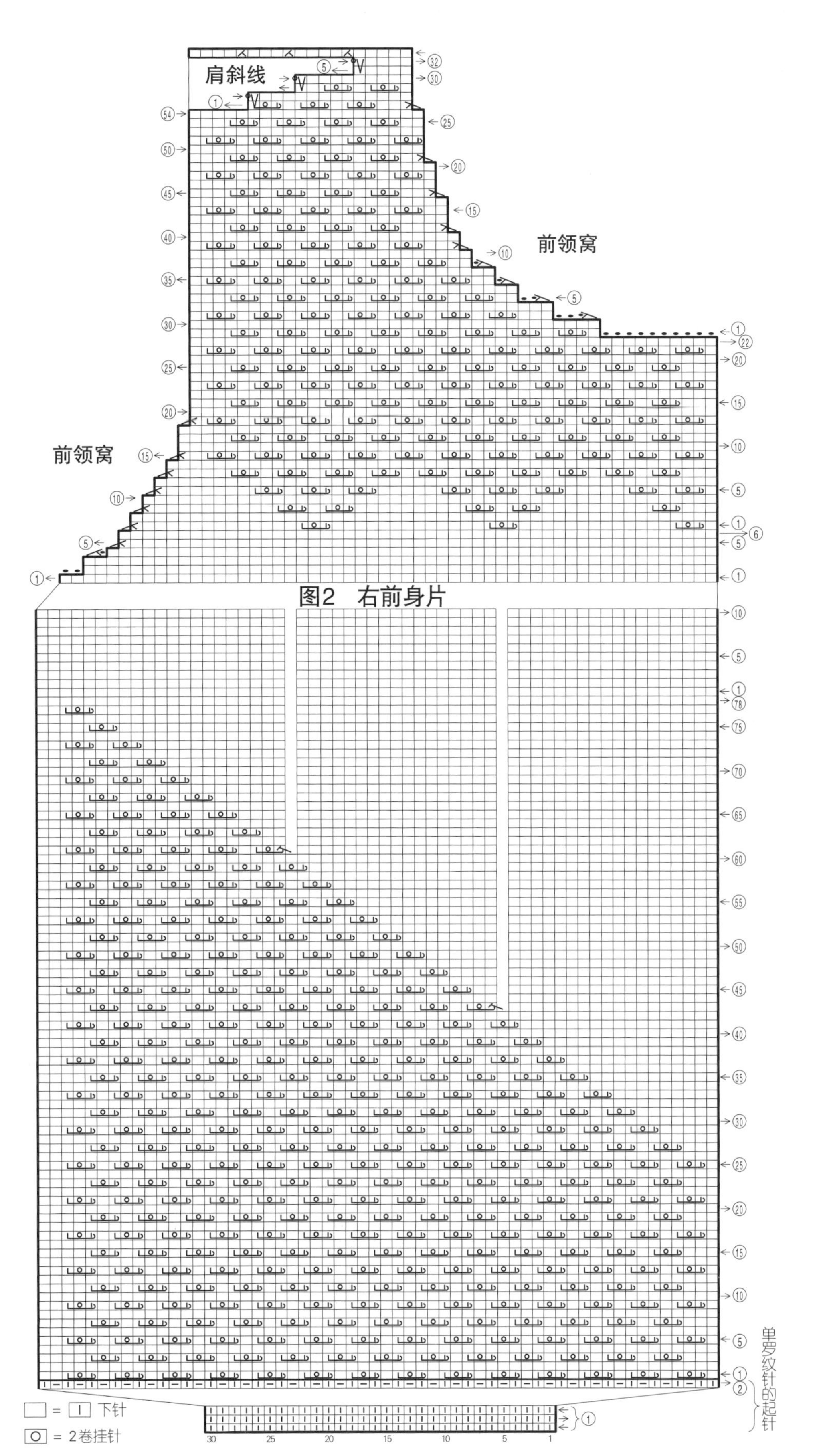
肩斜线
前领窝
前领窝
图2 右前身片
单罗纹针的起针
□ = □ 下针
◎ = 2卷挂针

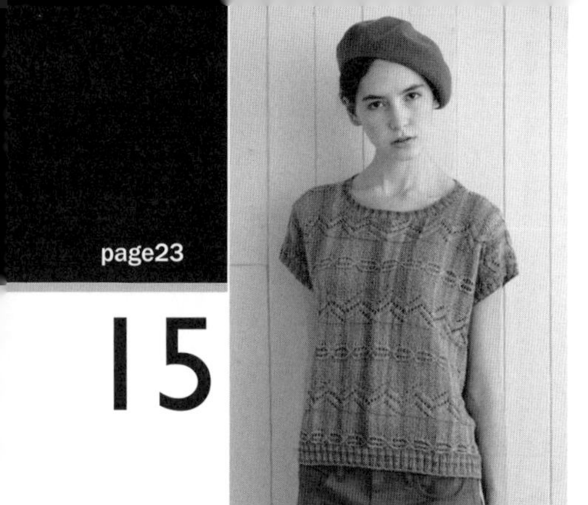

●**材料**　钻石线TA（粗）黄绿色、蓝色、紫色段染（551）250g/7团

●**工具**　棒针4号、3号

●**成品尺寸**　胸围114cm、衣长48cm、连肩袖长31cm

●**编织密度**　10cm×10cm面积内　编织花样：23针，32行

●**编织要点**　①前后身片均从左肋的另线锁针起针处开始编织，编织编织花样。前领窝参照图示，使用伏针与侧边1针立式减针进行编织，在内侧1针处织上针扭针和卷针加针。②肩部使用挑针缝接缝，肋部使用盖针缝订缝。③下摆的双罗纹针，从身片的行上挑针，编织终点使用双罗纹针收针，肋部使用挑针缝接缝。④衣领环形挑取针目，钩编双罗纹针。⑤袖口挑取所需要的针数，均匀地使用挂针加针，共加14针，并在下1行编织扭针。扭针要配合双罗纹针，编织下针、上针的扭针。

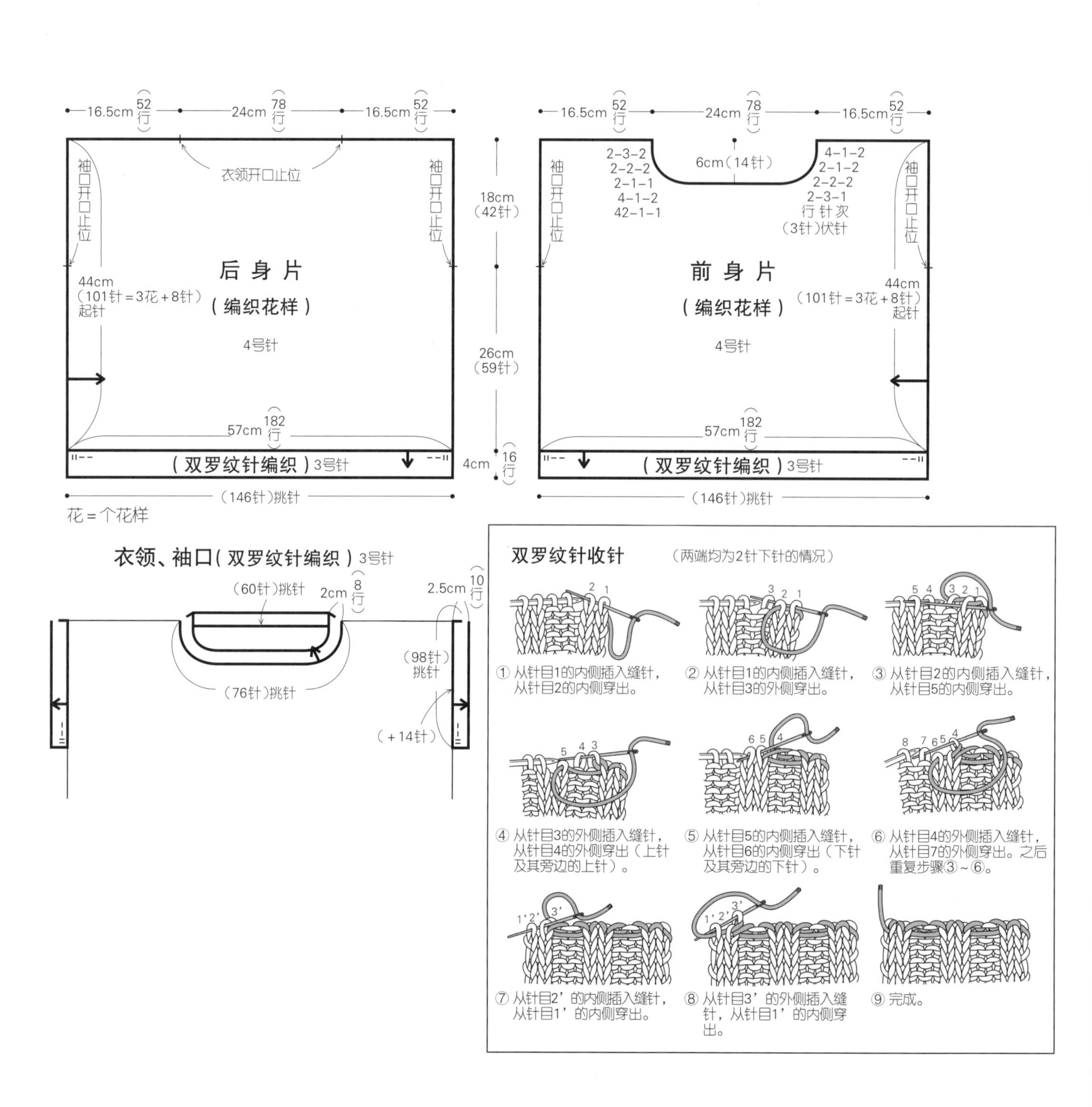

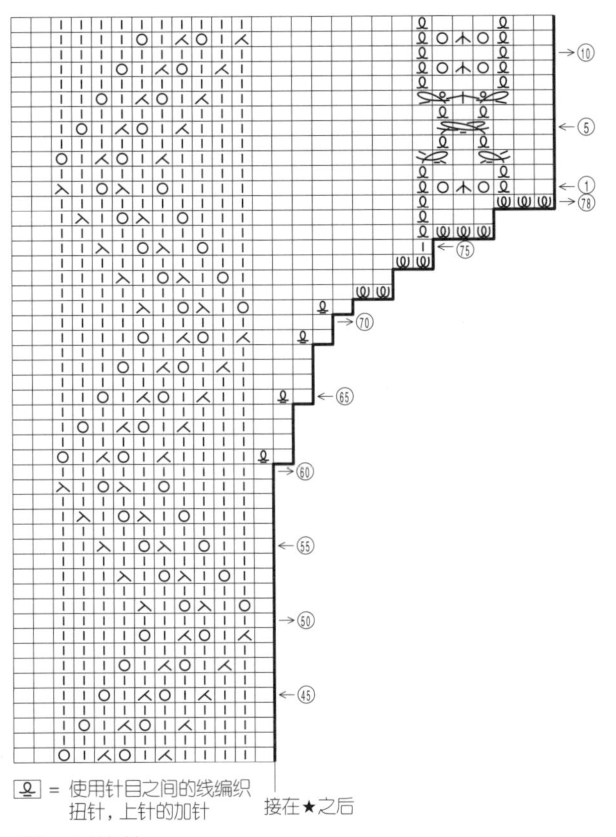

10
5
1
78
75
70
65
60
55
50
45
= 使用针目之间的线编织扭针，上针的加针
= 卷针加针
接在★之后

前身片
前领窝

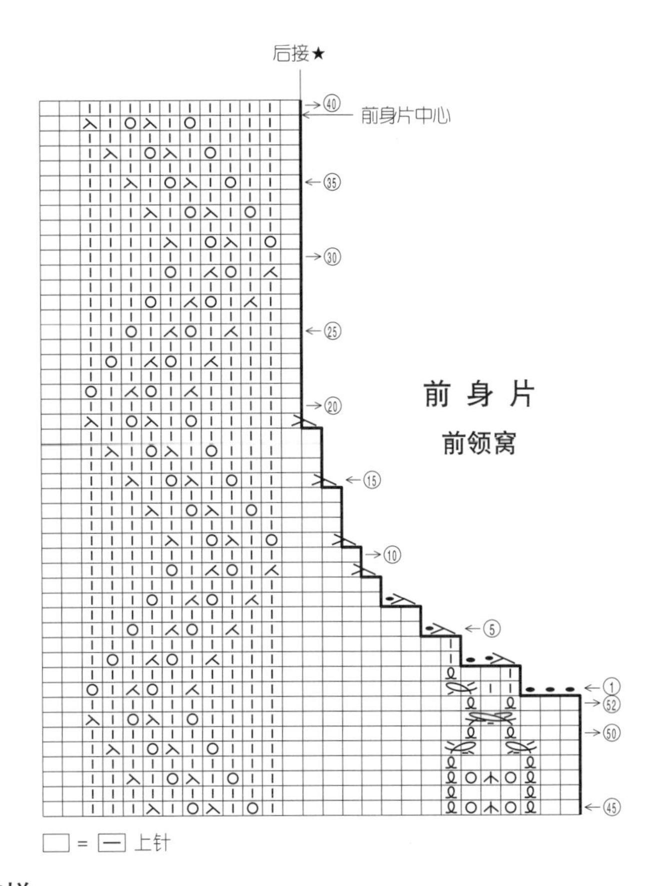

后接★
前身片中心
40
35
30
25
20
15
10
5
1
52
50
45
□ = ⊟ 上针

编织花样

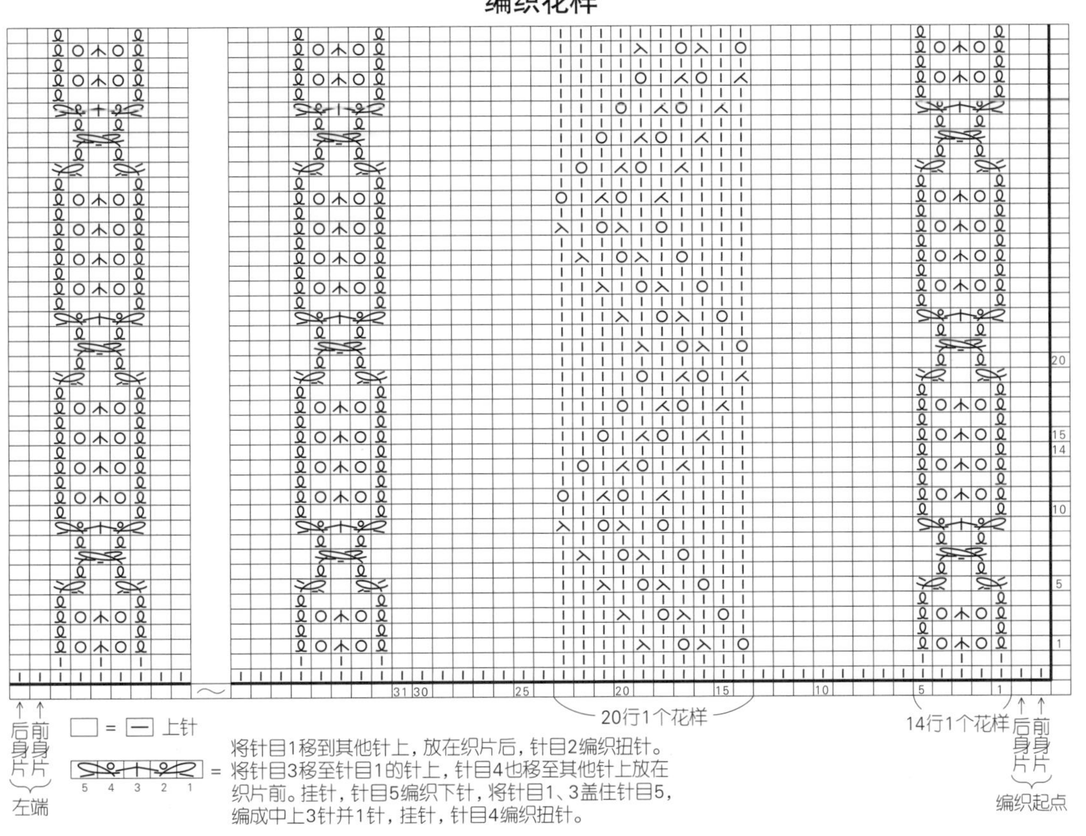

20
15
14
10
5
1
31 30
25
20
15
10
5
1
20行1个花样
14行1个花样
后身片
前身片
左端
后身片
前身片
编织起点
□ = ⊟ 上针
5 4 3 2 1
= 将针目1移到其他针上，放在织片后，针目2编织扭针。将针目3移至针目1的针上，针目4也移至其他针上放在织片前。挂针，针目5编织下针，将针目1、3盖住针目5，编成中上3针并1针，挂针，针目4编织扭针。

●**材料**　钻石线CM（粗）带有金银丝线的米色系缠绕（301）270g/11团

●**工具**　棒针6号、5号、7号

●**成品尺寸**　胸围92cm、肩宽34cm、衣长59cm、袖长35.5cm

●**编织密度**　10cm×10cm面积内　下针编织：25针，33行；编织花样A：32针，29行；编织花样B、C均为：27针，33行

●**编织要点**　①在前后腰线处使用手指挂线起针，编织编织花样A。②身片参照图1，从腰线的行挑针，在两侧使用卷针加针。胁部在内侧1针处用扭针加针，袖窿、领窝使用伏针与侧边1针立式减针进行编织，肩斜线在剩余的部分做往返编织。③前后腰部装饰短裙，使用另线锁针起针，参照图2进行编织。④衣袖参照图3～图5，袖下在内侧1针处用扭针加针，袖山使用伏针与侧边1针立式减针进行编织。⑤肩部使用盖针缝订缝，胁部、袖下使用挑针缝接缝。⑥衣领使用编织花样C"进行编织。⑦衣袖使用引拔针与身片接缝缝合。

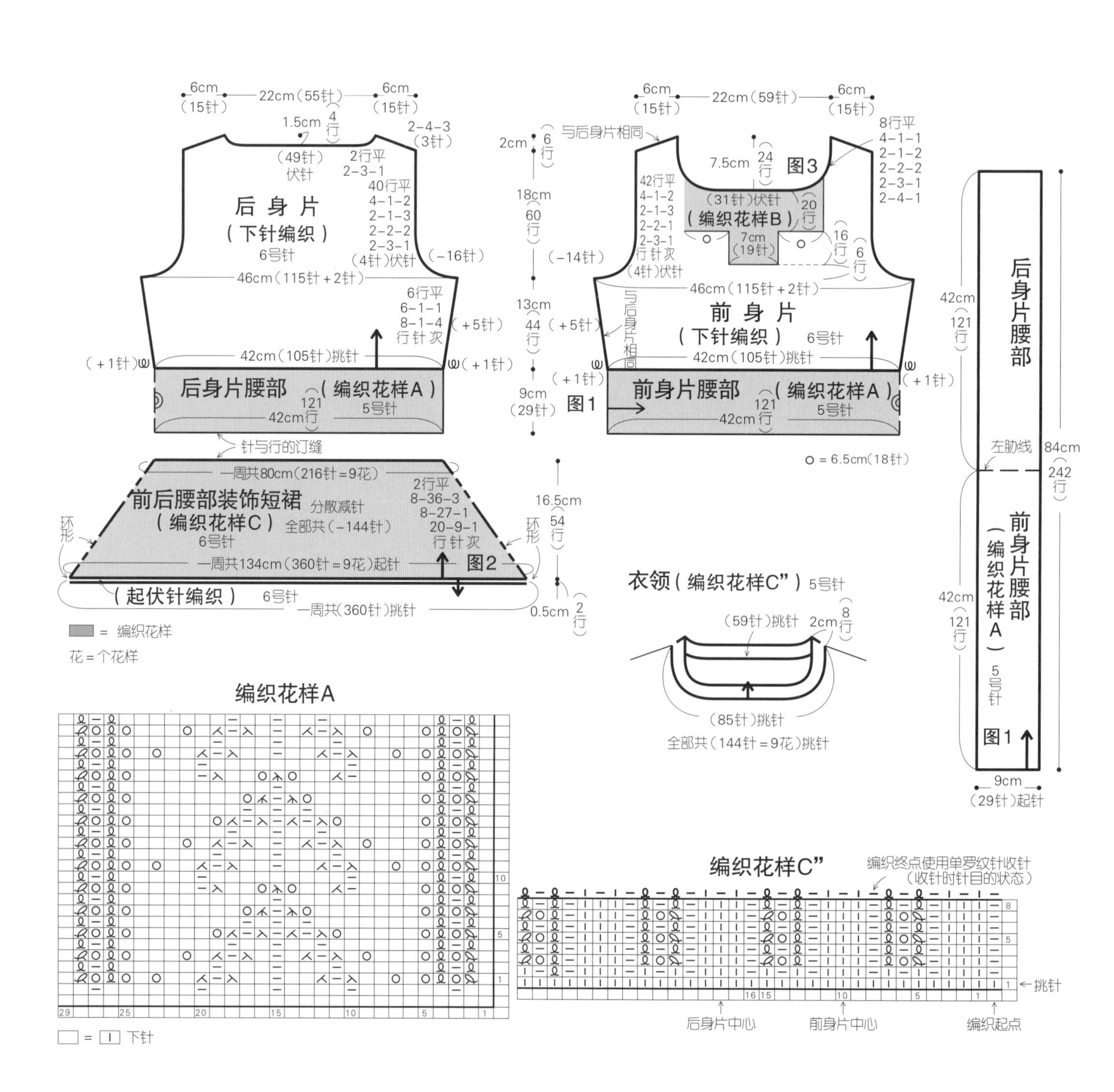

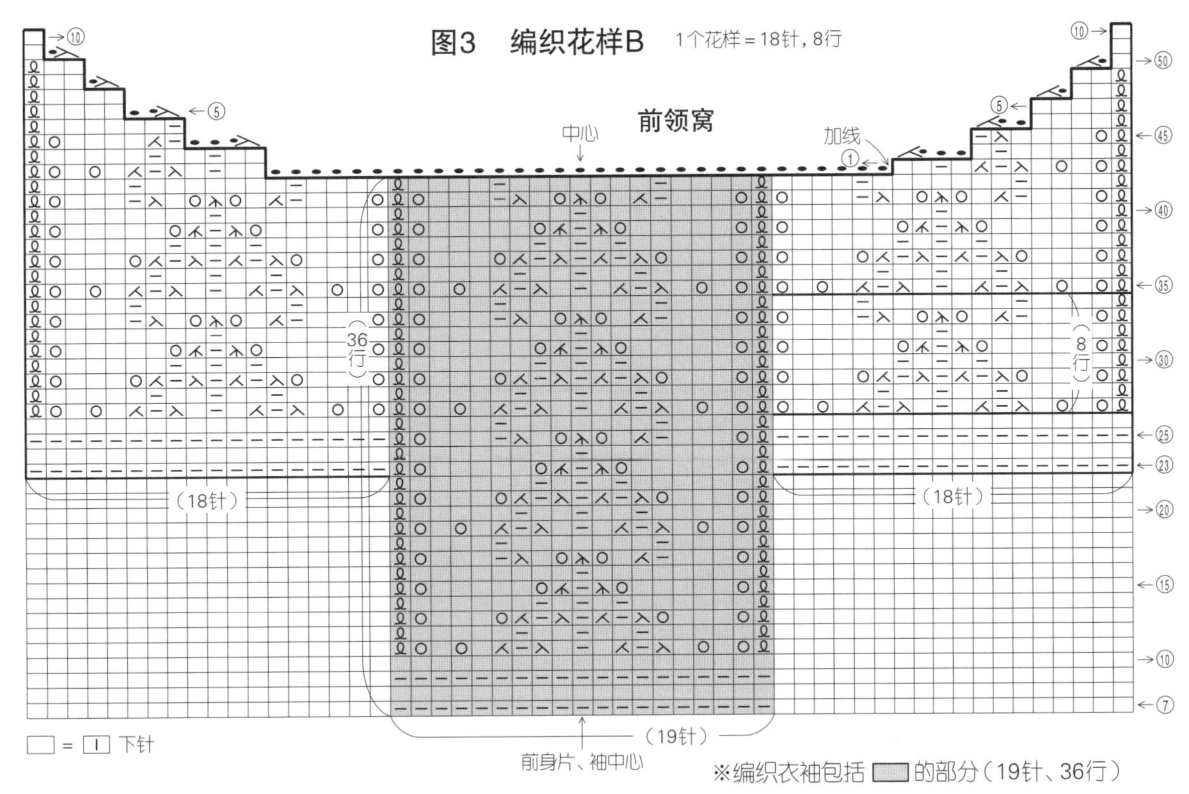

※编织衣袖包括 ▭ 的部分（19针、36行）

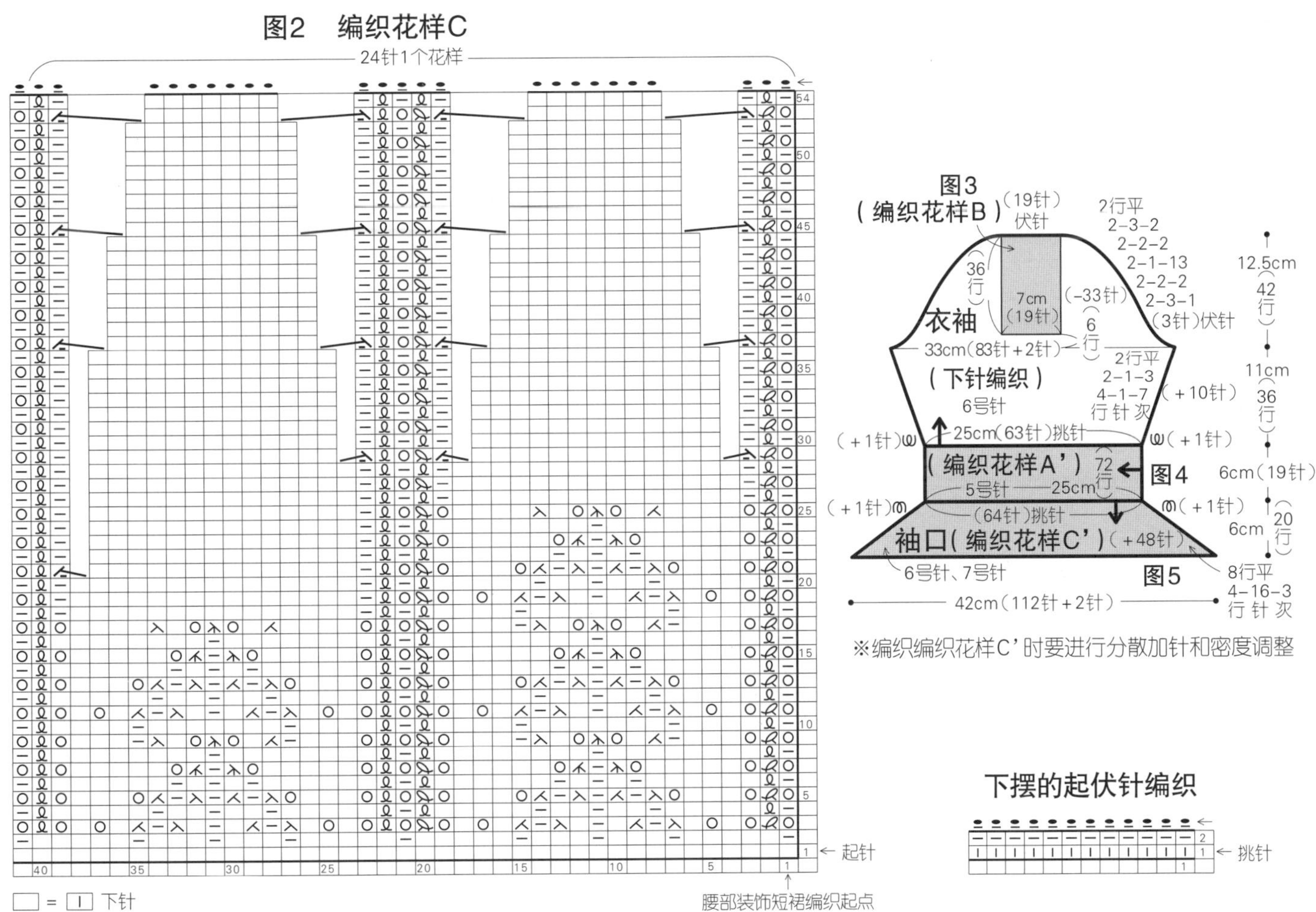

图3
（编织花样B）
（19针）伏针
2行平
2-3-2
2-2-2
2-1-13
2-2-2
2-3-1
（3针）伏针
36行
7cm（19针）
（-33针）
6行
12.5cm（42行）
衣袖
33cm（83针＋2针）
（下针编织）
6号针
2行平
2-1-3
4-1-7
行 针 次
（＋10针）
11cm（36行）
25cm（63针）挑针
（＋1针）
（＋1针）
（编织花样A'）
72行
5号针 25cm
图4
6cm（19针）
（＋1针）
（＋1针）
（64针）挑针
袖口（编织花样C'）（＋48针）
6号针、7号针
图5
6cm（20行）
8行平
4-16-3
行 针 次
42cm（112针＋2针）

※编织编织花样C'时要进行分散加针和密度调整

下摆的起伏针编织

挑针

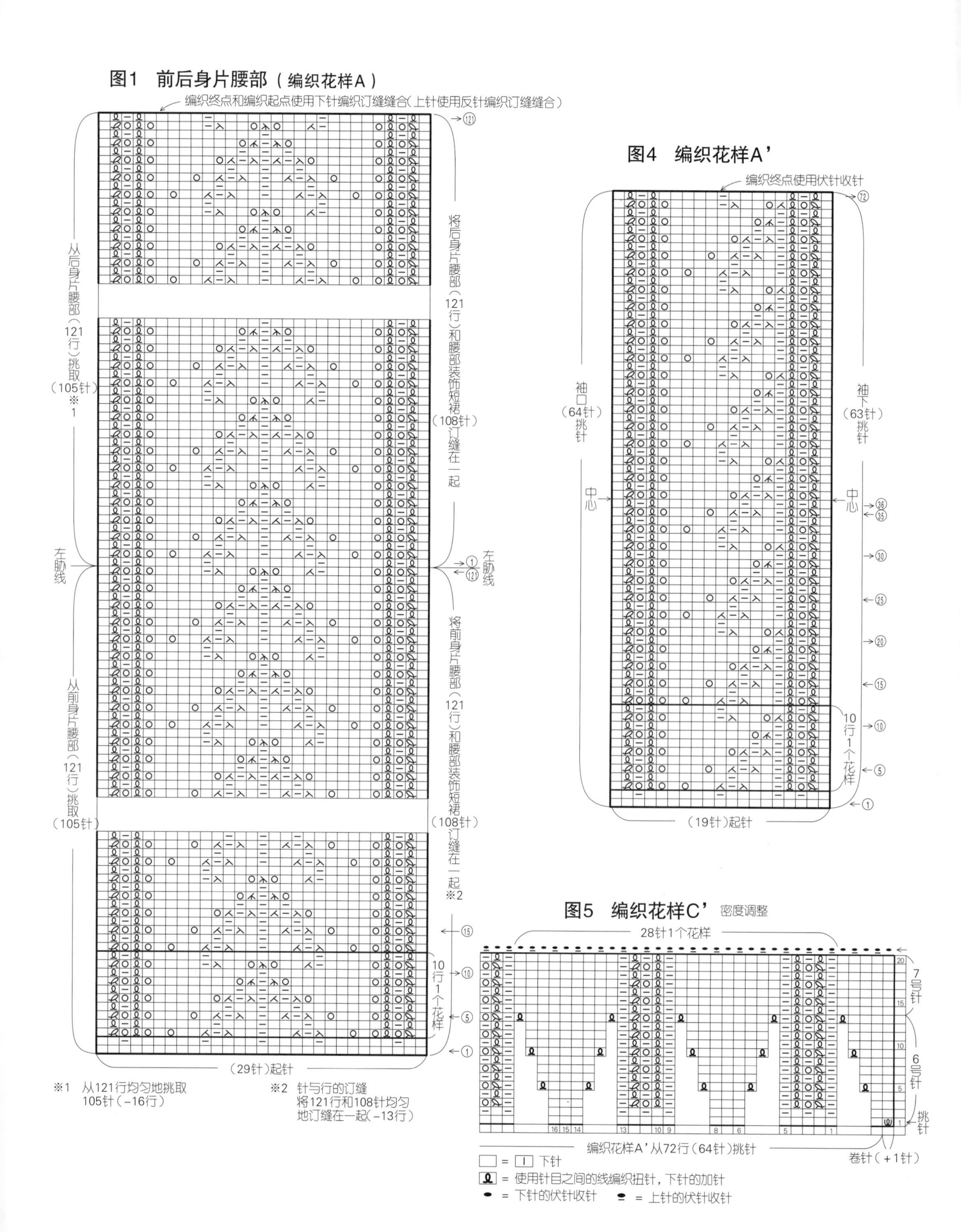
图1 前后身片腰部（编织花样A）
编织终点和编织起点使用下针编织订缝缝合（上针使用反针编织订缝缝合）
从后身片腰部（121行）挑取（105针）※1
将后身片腰部（121行）和腰部装饰短裙（108针）订缝在一起
左肋线
从前身片腰部（121行）挑取（105针）
将前身片腰部（121行）和腰部装饰短裙（108针）订缝在一起※2
10行1个花样
（29针）起针
※1 从121行均匀地挑取105针（-16行）
※2 针与行的订缝 将121行和108针均匀地订缝在一起（-13行）
图4 编织花样A'
编织终点使用伏针收针
袖口（64针）挑针
袖下（63针）挑针
中心
10行1个花样
（19针）起针
图5 编织花样C' 密度调整
28针1个花样
7号针
6号针
挑针
编织花样A'从72行（64针）挑针
卷针（+1针）
= 下针
= 使用针目之间的线编织扭针，下针的加针
= 下针的伏针收针
= 上针的伏针收针

●**材料**　钻石线MSL（粗）灰褐色（220）260g/9团

●**工具**　棒针4号、3号

●**成品尺寸**　胸围93cm、衣长54cm、连肩袖长35.5cm

●**编织密度**　10cm×10cm面积内　编织花样A、C均为：30针，35行；编织花样B：28.5针，35行

●**编织要点**　①在前后身片下摆使用另线锁针环形起针。参照图1，从下摆开始编织编织花样A26行，在编织花样B的第1行均匀地减针，共减16针，一直编织到92行。②在肋部的两侧停16针。育克和衣领参照图2，使用另线锁针起左右袖的88针，挑取环形的全部共420针（12个花样），使用分散减针进行编织。编织终点使用扭针的单罗纹针收针。③一边解开下摆的另线锁针起针，一边环形挑针，编织起伏针，编织终点使用上针的伏针收针。④袖口使用3号针，环形挑取另线锁针的起针和16针的停针，编织14行边缘编织B，使用扭针的单罗纹针收针。

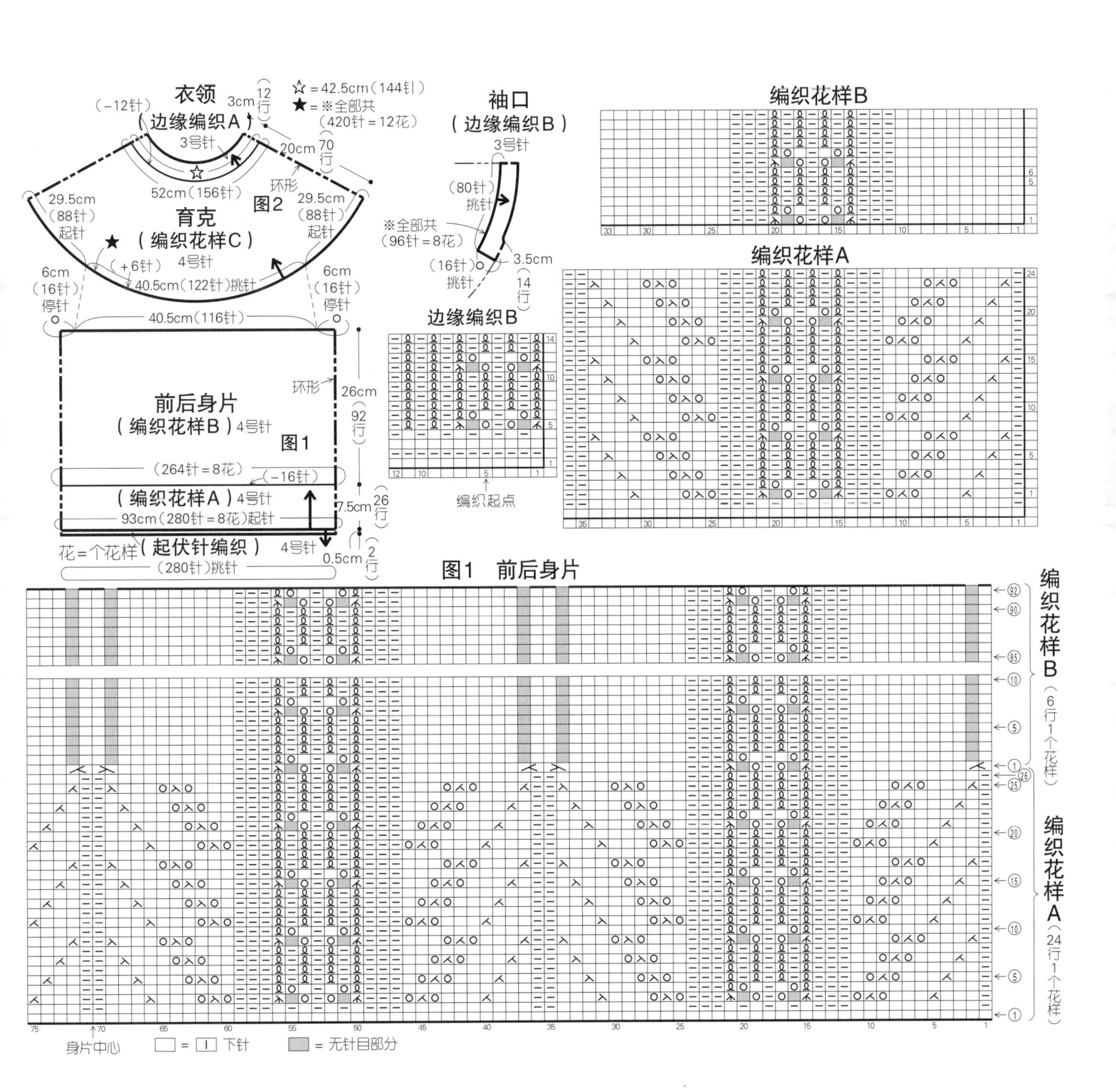

图2 育克、衣领

图2 育克、衣领

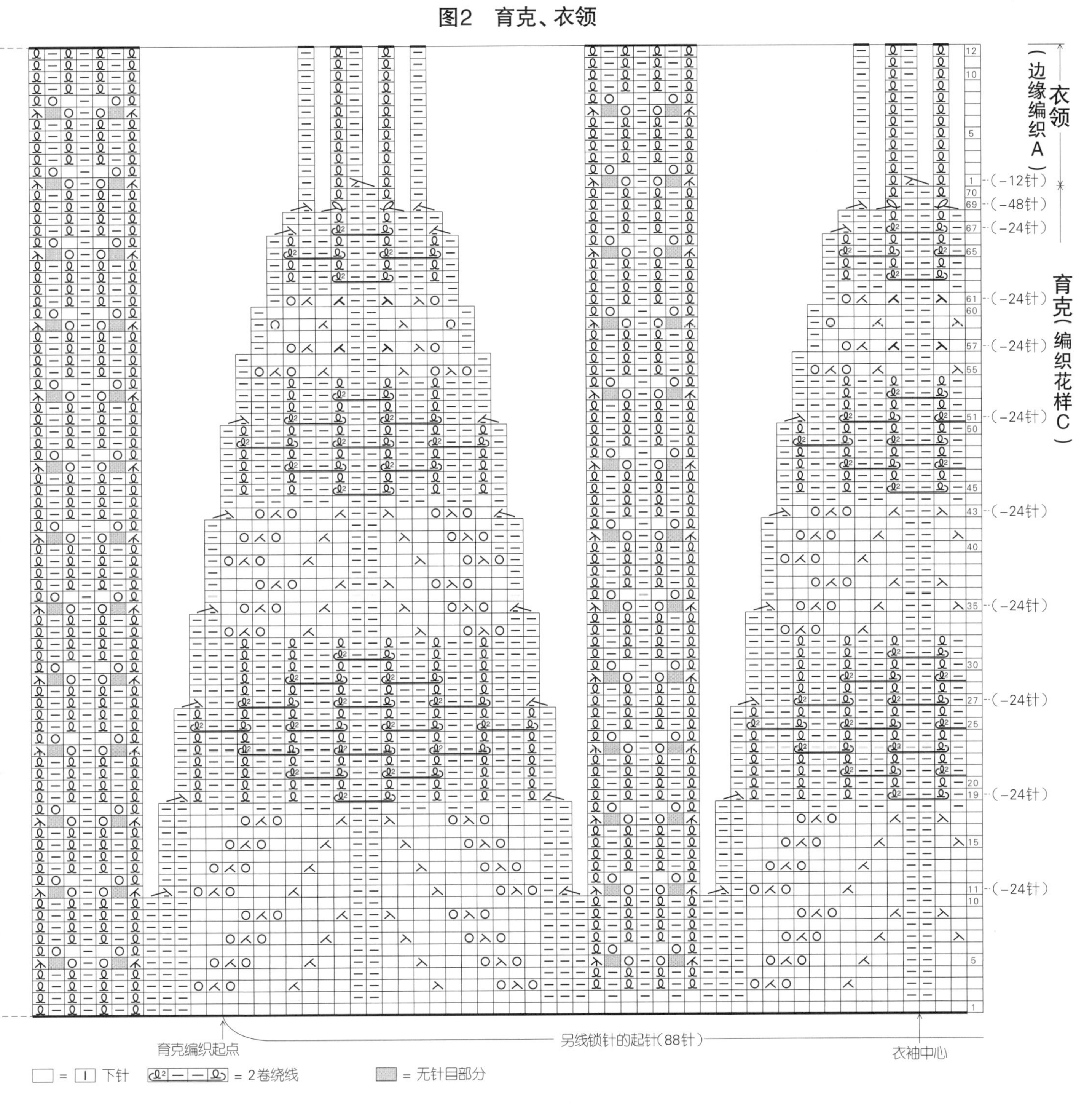

衣领（边缘编织A）
育克（编织花样C）
(−12针)
(−48针)
(−24针)
育克编织起点
另线锁针的起针(88针)
衣袖中心
= 下针
= 2卷绕线
= 无针目部分

page28

18

●材料 钻石线KT（粗）灰色（113）130g/5团

●工具 棒针4号，钩针3/0号

●成品尺寸 衣长45.5cm、连肩袖长45.5cm

●编织密度 10cm×10cm面积内 编织花样：23针，30行

●编织要点 ①主体使用另线锁针起针，参照图1，等针直编编织花样，在两侧开口止位加入线的记号。在编织终点减10针，编织2行下针编织，使用伏针收针。一边解开起针一侧的另线锁针起针，一边挑针，使用与编织终点相同的方法进行编织。②开口止位相同符号之间使用挑针缝接缝。③衣领和下摆的边缘编织A，使用手指挂线起针，参照图2编织530行，在编织终点与起针一侧的针目使用下针编织订缝缝合。④袖口参照图3，使用边缘编织B以及与衣领和下摆相同的方法进行编织。⑤参照组合方法，将衣领、下摆、袖口缝到主体上。

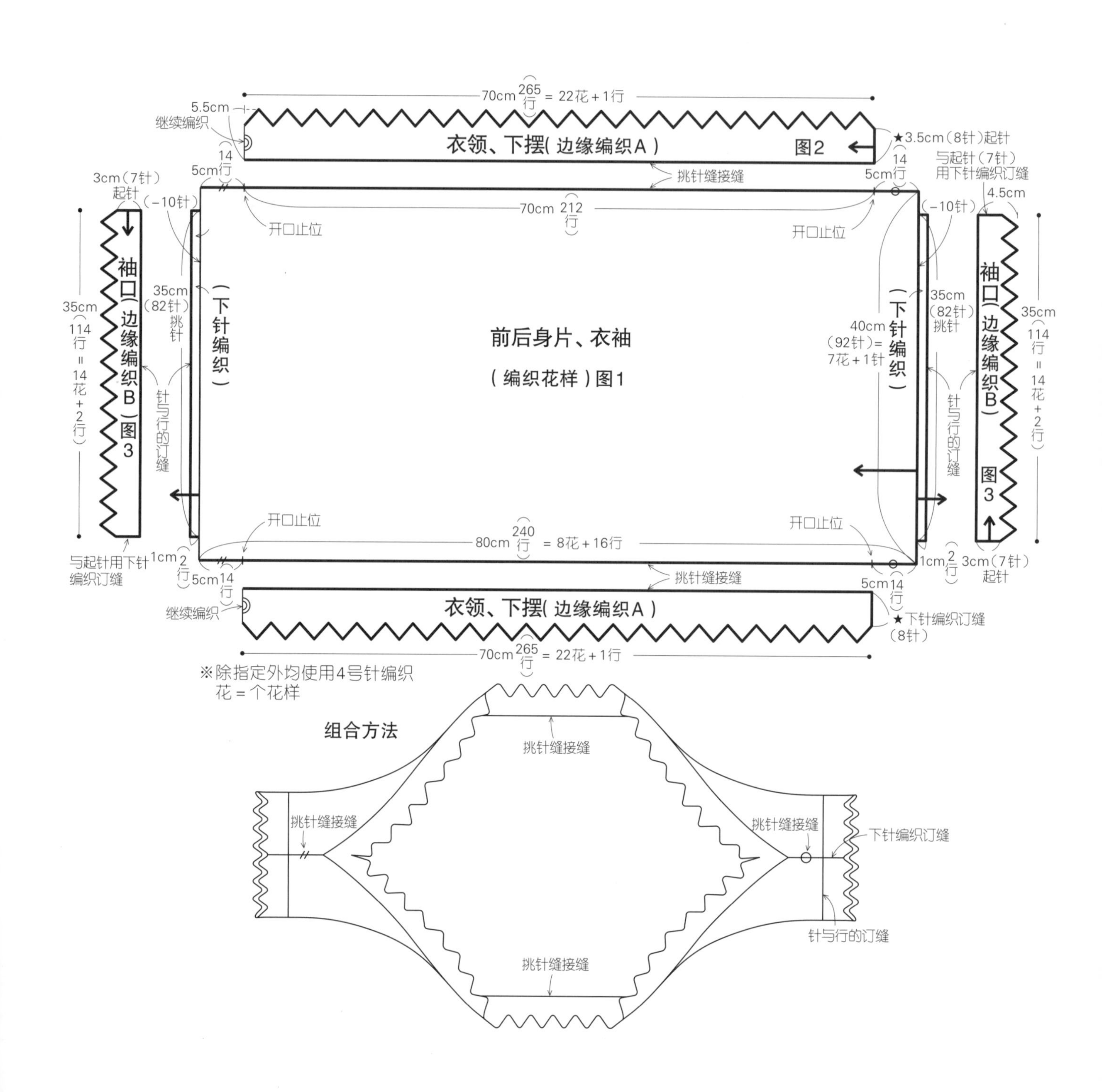

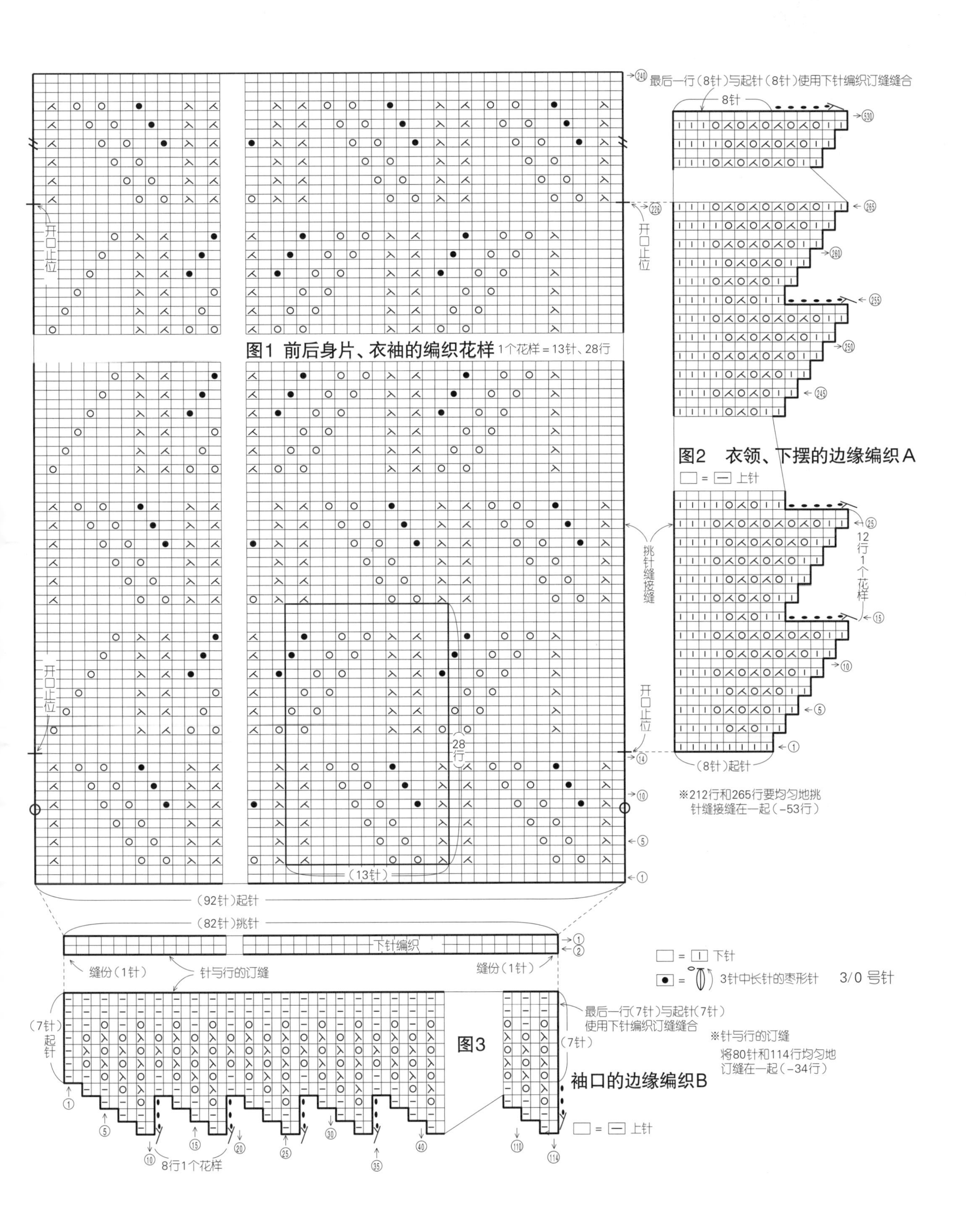
最后一行（8针）与起针（8针）使用下针编织订缝缝合
8针
开口止位
图1 前后身片、衣袖的编织花样 1个花样＝13针、28行
挑针缝接缝
28行
（13针）
（92针）起针
（82针）挑针
下针编织
缝份（1针）
针与行的订缝
缝份（1针）
图2 衣领、下摆的边缘编织A
□＝⊟ 上针
12行1个花样
（8针）起针
※212行和265行要均匀地挑针缝接缝在一起（－53行）
□＝⊡ 下针
●＝ 3针中长针的枣形针
3/0 号针
（7针）起针
图3
最后一行（7针）与起针（7针）使用下针编织订缝缝合
（7针）
※针与行的订缝
将80针和114行均匀地订缝在一起（－34行）
袖口的边缘编织B
□＝⊟ 上针
8行1个花样

●**材料**　钻石线KK（粗）黄绿色（815）200g/7团

●**工具**　棒针5号

●**成品尺寸**　宽47cm、长142.5cm

●**编织密度**　10cm×10cm面积内　编织花样A：22.5针，30行；编织花样B：21.5针，30行

●**编织要点**　①使用另线锁针起针开始编织。参照图1，在中央部分布局编织花样A，在两侧等针直编98行编织花样C、C'，在主体中央布局编织花样B。在编织花样变换的地方减2针，在编织花样B的编织终点加2针。整体共编织398行，在主体的编织终点停针。②解开编织起点的起针，移至棒针上。③编织花样D是使用手指挂线起针开始编织，参照图2编织156行，编织终点使用上针的伏针收针。编织2片相同的织片。④主体的起针、编织终点的针目，分别使用针与行的订缝，与编织花样D连接在一起。

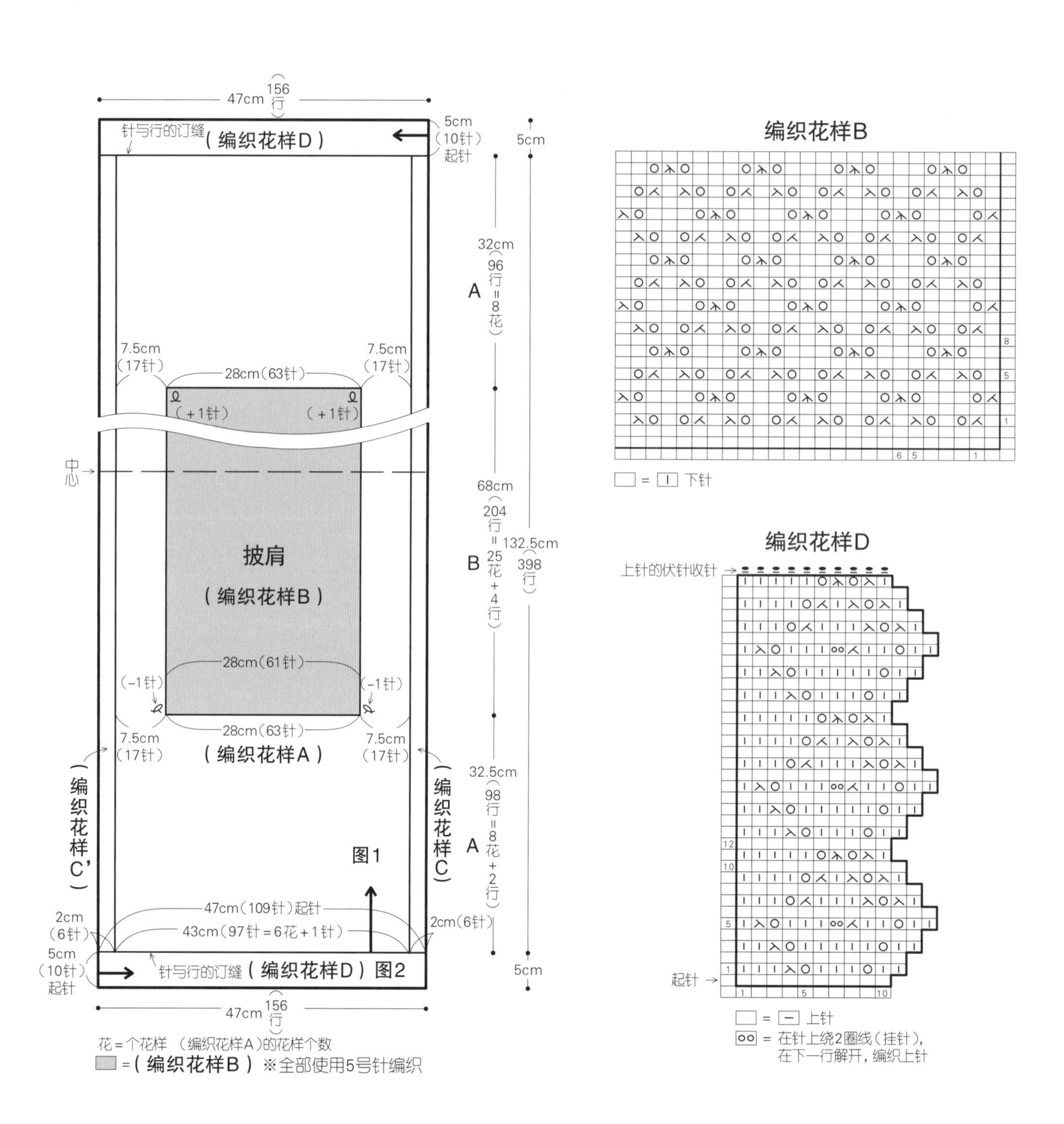

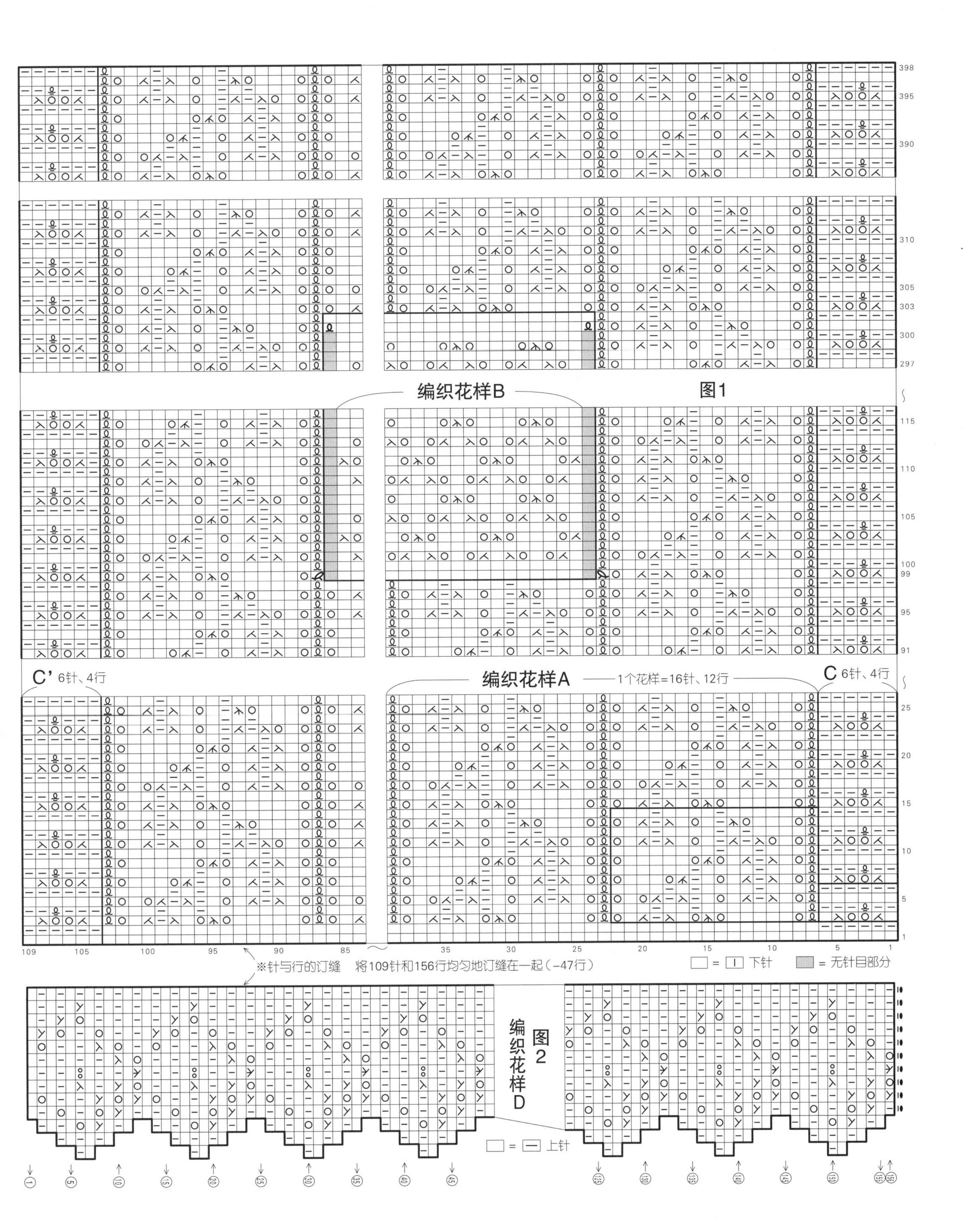
编织花样B
图1
C' 6针、4行
编织花样A
1个花样=16针、12行
C 6针、4行
※针与行的订缝　将109针和156行均匀地订缝在一起（-47行）
= | 下针
= 无针目部分
编织花样D
图2
= — 上针

Photographers：HITOMI TAKAHASHI
Original Japanese edition published in Japan by NIHON VOGUE CO., LTD.,
Simplified Chinese translation rights arranged with BEIJING BAOKU INTERNATIONAL CULTURAL DEVELOPMENT Co., Ltd.

日本宝库社授权河南科学技术出版社在中国大陆独家出版发行本书中文简体字版本。

著作权合同登记号：图字16—2013—073

图书在版编目(CIP)数据

志田瞳优美花样毛衫编织. 2, 优雅的镂空花样 /(日) 志田瞳著; 风随影动译. —郑州：河南科学技术出版社，2014.4（2024.4重印）
ISBN 978-7-5349-5180-0

Ⅰ.①志… Ⅱ.①志… ②风… Ⅲ.①毛衣－编织－图集 Ⅳ.①TS941.763-64

中国版本图书馆CIP数据核字(2014)第042354号

出版发行：河南科学技术出版社
地址：郑州市郑东新区祥盛街27号　邮编：450016
电话：（0371）65737028　65788613
网址：www.hnstp.cn
策划编辑：刘　欣
责任编辑：刘　欣
责任校对：耿宝文
封面设计：张　伟
责任印制：张艳芳
印　　刷：河南新达彩印有限公司
经　　销：全国新华书店
开　　本：889 mm × 1194 mm　1/16　印张：6　字数：120千字
版　　次：2014年4月第1版　2024年4月第7次印刷
定　　价：29.80元

如发现印、装质量问题，影响阅读，请与出版社联系并调换。